U0040194

世界第一簡單
生物化學

武村政春◎著
菊野郎◎畫
中央研究院化學研究所副研究員　李文山博士◎審訂
オフィスsawa◎製作　李漢庭◎譯

漫畫➡圖解➡說明

本書為「生物化學」的入門書籍，以平易近人的漫畫，介紹生物化學世界的端倪。

所謂生物化學，就是以化學方法解析生命現象的學問。我們的身體究竟由哪些物質構成？細胞裡會產生哪些化學反應？要如何以化學概念說明生命？生物化學便是解答這些問題的學問。

從十九世紀末到二十世紀，科學家們在醫學、營養學、農學、生物學等各種領域，進行各種現象的化學研究，因此累積了各個領域的生物化學知識。

今天的生物化學，可以說是跨領域生物化學知識的集大成。即使每個領域的應用目的不同，基礎的思維（重點在於以化學方法解釋生命現象）也都一樣。

所以對於志在研究醫學、牙醫學、藥學、農學、營養學、護理學等等與人體或生命現象有關領域的人，這門學問絕對非學不可。

生物化學是一切生命科學系統的基礎，而本書則以簡單明瞭的漫畫，說明其中最需要了解的重點。當你在閱讀生物化學、分子生物學、醫療化學、營養化學的講義時，可用本書作為參考書，或是補充教材。

當然，只要對這個領域有興趣，即使是高中生也能輕易吸收本書的知識。

本書根據以上的目標，掌握了修習生物化學所需的最低限度知識。但是解說方法與以往的生物化學叢書大有不同。一般生物化學教科書，開頭都會先集中解釋生命體構成物質（醣類、脂質、蛋白質等構成生命體的物質），但本書則將這部分歸為相關項目，不另闢章節專門講述生命體構成物質。筆者認為，如此能更有系統地解釋每一種生命體構成物質的性質與功能，比起一開始就吞下一大堆名詞更容易了解。

而且本書設立了第三章「生活中的生物化學」，希望能讓讀者思考學習生物化學的意義，並以日常生活話題刺激讀者對生物化學

的興趣。

本書主角是一位熱衷減肥的高中女生久美，這個人物設定，與我出身於農學系營養化學研究室的背景有關。目前與日常生活息息相關的生物化學，就是討論營養與健康，例如日漸廣泛的「新陳代謝症候群」現象。所以本書的內容也大多與飲食、營養關係密切。

當然，前面說過生物化學是生命科學的基礎，所以本書對於有志研究生命科學的人一定也很有幫助。

感謝脂質生物化學專家古市幸生老師（三重大學榮譽教授，現任名古屋女子大學教授），生物化學・分子生物學專家吉田松年老師（名古屋大學榮譽教授，現任名古屋共立醫院免疫細胞療法中心顧問），從草稿階段開始助我檢查校正，才能完成原稿。古市老師是我的大學畢業論文指導教授，吉田老師則是我的博士論文指導教授，兩位都是我的恩師。在此誠摯感謝兩位老師在百忙之中爲我審校。

同時也要在此感謝提供凝集素分析資料的大學學長，長濱生物大學的龜村和生教授，以及長濱生物大學研究生小川光貴先生；感謝自前作《世界第一簡單分子生物學》以來一直協助我的Ohm出版社開發局同仁；創造有趣劇本與漫畫的Office sawa澤田佐和子小姐及漫畫家菊野郎先生，當然，最要感謝的便是購閱本書的讀者們。

2009年1月

武村政春

目錄

第3章　生活中的生物化學 87

第4章 酵素是化學反應的關鍵 　　　　149

1

再這樣下去還得了～

那個…

咦！？

慌慌

張張

有人送我這個，我拿來分妳的…

！？？

根本學長！？你什麼時候來的！？

呀啊

唉～

竟然被青梅竹馬看到這麼丟臉的事情。

2

不過這哈密瓜好好吃喔—

但是我正在減肥說…

好像有點對不起她…

消沉

妳也不用那麼拼啊…

我覺得現在的久美也很…

我的身體一定是用披薩跟蛋糕做成的啦—

最愛吃了

扭捏

好！
我要絕食，把體脂肪降到零！

又胖又不可愛，我才不要！

這句話

…我可不能當作沒聽到啊…

閃亮

久美你搞錯很多事情喔！

而且今天也很可愛…就是那個…

而且最基本的問題，

就是久美根本就不胖，

呃…總之久美應該不知道人體是怎麼組成的吧。

我在大學正好就是研究這個。

入門
基礎生物化學

拿

生的…化學…？

是生物化學啦。

好像很難吧～我沒興趣啦～

那…我們從日常生活開始聊好了。

4

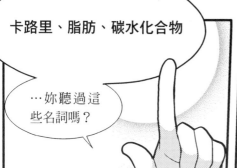

卡路里、脂肪、碳水化合物

…妳聽過這些名詞嗎？

當然啦！
我對減肥可是
很有興趣喔。

你看這個！

推

看吧？

減肥專輯

追求夏日
苗條身材‧‧‧‧‧→

嗯嗯，脂肪確實是高卡路里的營養代表。

碳水化合物…應該不算高熱量啦，但是吃多了也會發胖。

碳水化合物

脂肪

甜點

你看，我可懂得呢。

聽你說我才想到，為什麼呢？

唔─

變胖就是身體長了脂肪。

為什麼吃太多碳水化合物就會長脂肪呢？

5

只要學習生物化學就知道原因了。

也就是說，生物化學是身體架構的基礎知識，是生命體的「化學」。

呆一

好像還挺有趣的…可是我討厭「化學」啊。

而且老師一定也很恐怖吧～

聽話!!!

沒有啦…我的老師人很好的…

這就是老師寫的參考書啦。

準教授
黑坂蝶子老師。

實際年齡不明，不過是個非常優秀的教授喔。

這位老師…  超漂亮的！

久美覺得「化學」很難，應該是想太多啦。

比方說我們消化吃到肚子裡的東西，也是化學反應喔。

咦？
是這樣嗎？

所以身體裡經常發生物化學反應囉。

沒錯！
因為我們的身體就是由各式各樣化學物質所構成的。

蛋白質

水

碳水化合物

維生素

礦物質

脂肪

剛才說到的碳水化合物跟脂肪也是化學物質吧。

全都是化學物質！

我老是注意體重計的數字，

還沒從化學的觀點想過這些事情呢…

基礎生物化學

9

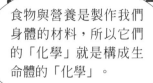

食物與營養是製作我們身體的材料，所以它們的「化學」就是構成生命體的「化學」。

而且生物化學也可以找出疾病原因，在醫學跟健康上有很大的貢獻。

深入了解人體，就有健康美喔！

超棒的一！

如果我也學生物化學，說不定會像老師一樣漂亮！？說不定還能學到減肥的秘訣喔～！

我…我一定會加油的！

我最歡迎奮鬥的好孩子了！

那就先喝了這杯水吧。

第 1 章

身體內部發生的事

1 細胞的結構

細胞的特徵是什麼？

細胞內部大部分屬於細胞質。細胞質是透明膠狀的的液體成份，其中漂浮著許多形狀與功能不盡相同的「胞器」。位於細胞中心的最大胞器，就是細胞核。

POINT

細胞質中含有許多蛋白質與醣類，在這裡會產生許多化學反應。

細胞核

內質網與核醣體

高基氏體

粒線體

溶酶體

POINT

細胞外面包覆著柔軟的「細胞膜（脂質雙層膜）」。

磷脂質

| 磷酸類 | → | 親水性 |
| 脂肪酸 | → | 疏水性 |

「磷脂質」排列成薄膜，然後疊成雙層膜。

細胞膜負責進行細胞之間的溝通，吸收必須物質，排放廢棄物質，任務非常重要喔。

DNA

! POINT

細胞核中有種非常重要的物質「**DNA**」，相當於生命的藍圖。

細胞核
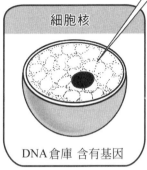
DNA倉庫 含有基因

粒線體

生產能量

內質網與核醣體
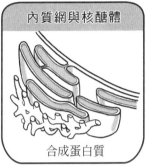
合成蛋白質

高基氏體

分泌蛋白質

溶酶體

消化／處理廢棄物

葉綠體

光合作用

! POINT

只有植物與部份微生物才有**葉綠體**。

抄抄

2 細胞裡會發生哪些事

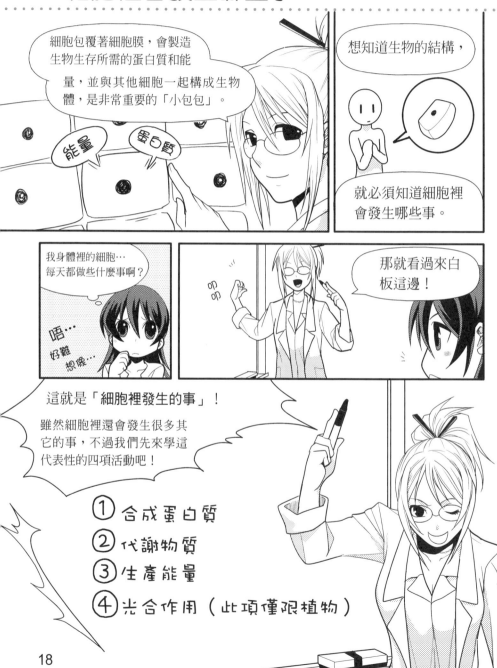

細胞包覆著細胞膜，會製造生物生存所需的蛋白質和能量，並與其他細胞一起構成生物體，是非常重要的「小包包」。

能量

蛋白質

想知道生物的結構，

就必須知道細胞裡會發生哪些事。

我身體裡的細胞…每天都做些什麼事啊？

唔…

好難想像…

那就看過來白板這邊！

這就是「細胞裡發生的事」！

雖然細胞裡還會發生很多其它的事，不過我們先來學這代表性的四項活動吧！

① 合成蛋白質
② 代謝物質
③ 生產能量
④ 光合作用（此項僅限植物）

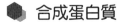

說到蛋白質，就讓人聯想到食物中的營養素，

不過對我們生物來說，蛋白質可是維持所有生命活動的關鍵物質。

蛋白質有這麼重要啊？

MILK MILK

沒錯！因為各種蛋白質負責各種任務，才能維持我們的身體活動。

- 維持身體外形
- 進行消化
- 形成肌肉
- 抵禦外敵入侵
  等等

蛋白質

所以每個細胞都在不斷地生產蛋白質。

剛才機械喵有照出細胞核裡的 DNA 吧？

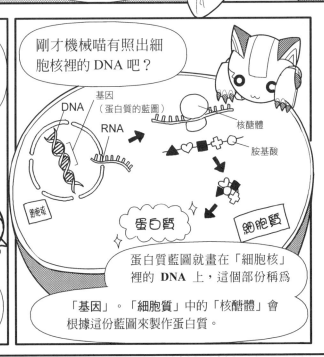

DNA
基因
（蛋白質的藍圖）
RNA
核醣體
胺基酸
細胞核
蛋白質
細胞質

蛋白質藍圖就畫在「細胞核」裡的 DNA 上，這個部份稱為

「基因」。「細胞質」中的「核醣體」會根據這份藍圖來製作蛋白質。

食譜

就像在廚房裡照著食譜拼命做菜一樣！

蛋白質 蛋白質

● 代謝物質

細胞所製造的蛋白質，會在細胞內外發揮各種功能，其中最重要的…

就是把進入生命體中的營養素、藥物等物質轉換爲方便使用的形態，或是把不需要的物質轉換爲可以排出體外的型態。

這種物質轉換就稱爲「代謝」。

而推動代謝活動的主角就是蛋白質囉！

有些蛋白質專門分解飲食中的營養，在體內進行吸收，轉換爲適當物質，當作構成身體的材料。

酒之中含有的酒精（乙醇）原本對細胞呈現強烈毒性，但是肝細胞中有些蛋白質會將酒精分解轉換爲無毒物質！

生病時吃的藥其實也對身體不好，所以藥物在攻擊病灶的同時也會被肝細胞等細胞分解，這也是蛋白質的工作！

蛋白質、脂肪、碳水化合物等等

營養素 → 代謝 → 變成身體的材料 / 生產能量

酒精 → 代謝 → 解毒

我們吃進嘴裡的東西大致上會像這樣代謝掉。

哦

像我喝了酒之後，身體裡就會進行這些動作喔。

透過血液

○○○
↓ 代謝
△△△
↓ 代謝
□□□

肝臟

解毒
二氧化碳
水

黑坂老師可海量的呢～

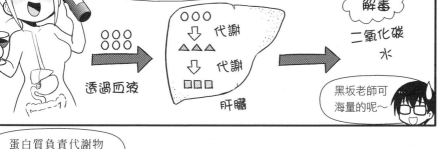

蛋白質負責代謝物質。除了細胞膜、細胞質、細胞核之外，其他胞器全都有自己的職責，無時無刻都在進行代謝。

○○○
↓代謝
△△△
↓代謝
□□□

勤勞 蛋白質
勤勞 蛋白質
勤勞 蛋白質
勤勞 蛋白質

原來我不管是吃飯還是感冒，身體裡都在努力工作啊…

看來細胞比我勤勞多了…

21

各種活動都少不了這個 ATP！

- 合成蛋白質的時候
- 蛋白質工作的時候
- 行光合作用的時候

ATP

如果蛋白質跟細胞是人類的話，ATP 就是錢！沒有錢，萬萬不能！

買麵包也要錢，搭捷運也要錢…

嗚嗚…

妳該不是在模擬我的悲情畫面吧！

所以細胞除了不斷生產蛋白質，還要不斷生產 ATP。因此細胞會需要糖分（＝碳水化合物＝醣類※）與氧。

今天也要努力製造 ATP！

今天也要努力賺錢！

我們之所以要吃飯、呼吸，可以說都是為了製造蛋白質的活動資金：**ATP**。就像工作賺錢一樣。

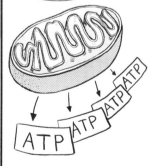

細胞會在「細胞質」與「粒線體」製造 ATP。

ATP ATP ATP ATP ATP

蛋白質等物質所使用的「能量共同貨幣」

※除特殊情形之外，本書以下內容中皆稱為醣類。

3 細胞是生物體內化學反應的進行場所

嘿嘿嘿～♪

今天也學了好多喔！
這下離正妹又
更進一步啦！

生物化學筆記

秘

咦？可是…

① 合成蛋白質
② 代謝物質
③ 生產能量
④ 光合作用

雖然學到細胞裡發生的主要「事件」，但是看來跟「生物化學」沒什麼關係啊…

那個～

細胞裡的活動跟生物化學有什麼關係呢？

當然有！
關係可大了！

應該說，這些事件正是「生物化學」的研究對象呀！

知道為什麼嗎？

① 合成蛋白質
② 代謝物質
③ 生產能量
④ 光合作用

我們依序來看看理由吧！

寫

⬡ 合成蛋白質的生物化學

蛋白質是怎麼合成的呢？

胺基酸　○▲□　連接 →　●♡　→　摺疊 →　蛋白質

其實蛋白質是由名為「胺基酸」的許多小分子所組成的。

可以製造蛋白質的胺基酸有 20 種。

胺基酸

蛋白質

—○╋■●… → 肌肉收縮（肌動蛋白與肌凝蛋白）

▲○□► → 酵素

▽♡●△… → 生命體防禦（抗體）

╋●■□… → 頭髮（角質蛋白）

▽□♡○ → 肌膚（膠原蛋白）等等

這 20 種胺基酸以不同順序與數量連接，就可以做出不同的蛋白質。

好像串珠項鍊，挺可愛的呢～

合成蛋白質的工廠，是飄浮在細胞質或附著在內質網上的「核醣體」

ZOOM!

核醣體

雪人啊～

核醣體遠看像胡椒粒，近看則呈現很奇妙的形狀。雖然

核醣體看起來很複雜，但是其實就像個「雪人」喔。

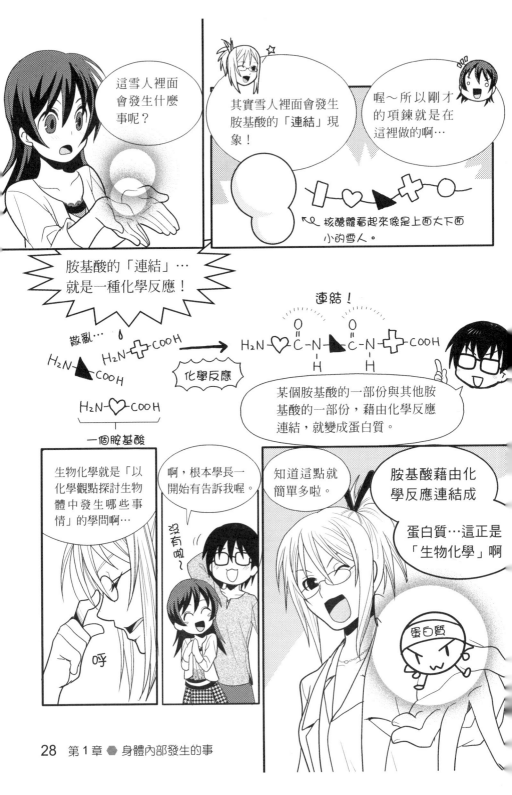

代謝物質的生物化學

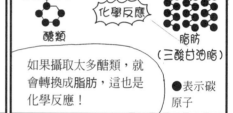

生產能量的生物化學

其實生產能量也是代謝的一種。

葡萄糖　⟶　?　⟶　丙酮酸

物質 A ⟶ 物質 B
化學反應

如果要生產能量，必須先在細胞質中將「葡萄糖」分解為「丙酮酸」。

咦？剛剛好像才看過葡萄糖跟丙酮酸的…

妳終於發現了！這是「葡萄糖合成」的反轉。

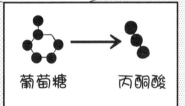

葡萄糖　⟶　丙酮酸

葡萄糖合成

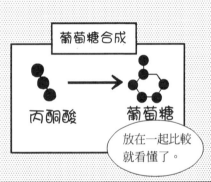

丙酮酸　⟶　葡萄糖

放在一起比較就看懂了。

醣類的分解過程，就叫做「糖解」。

把 糖 分 解 掉

亮

舉手 舉手

「糖解」太好懂了！

連我「堂姊」都這麼說喔！

……

…

冷～

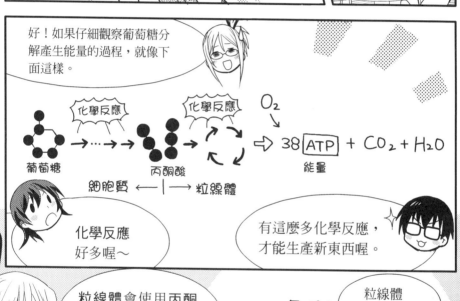

好！如果仔細觀察葡萄糖分解產生能量的過程，就像下面這樣。

化學反應

化學反應

O_2

葡萄糖

丙酮酸

$\Rightarrow$ 38 ATP + CO_2 + H_2O

能量

細胞質 ← | → 粒線體

化學反應好多喔～

有這麼多化學反應，才能生產新東西喔。

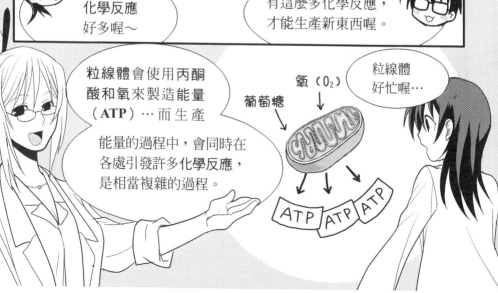

粒線體會使用丙酮酸和氧來製造能量（ATP）…而生產

能量的過程中，會同時在各處引發許多化學反應，是相當複雜的過程。

氧（O_2）

葡萄糖

粒線體好忙喔…

ATP ATP ATP

光合作用的生物化學

最後是植物的光合作用。

植物細胞中的綠色成份「葉綠體」，只要照到光線就會產生複雜的化學反應。

這些化學反應會以二氧化碳為材料，製造出葡萄糖等醣類。

CO_2

光

化學反應　葡萄糖

葉綠體

製造葡萄糖的一連串步驟也是化學反應。

…嗯？呃，那麼…

① 合成蛋白質
② 代謝物質
③ 生產能量

這些全部都是化學反應囉…？

生物化學㊙筆記

妳終於發現了！

指

就是這樣沒錯！

4 生物化學基礎知識

開始學習生物化學，現在我們就來解釋一些不可不知的專有名詞。

從元素到生命體高分子

●碳

首先要說明生物化學中最重要的元素，碳。

碳的元素符號是C，原子序6，原子量12.0107。以碳為主要成份的化合物（有機化合物），廣泛存在於岩石圈、大氣圈、水圈之中，透過生物的呼吸及光合作用等化學反應，在地球圈內循環。碳可以用四個碳原子形成共價鍵，所以能夠形成非常多樣化的有機化合物。舉凡蛋白質、脂質、醣類、核酸，全都具有碳骨架。維生素也是其中一種。

我們經常把地球上的生物稱為「碳型生物」。當生物燃燒之後，會殘留碳堆。而且我們的身體也以碳為主要成份。

●化學鍵

碳可以與氧、氫、氮等其他元素（以下統稱「原子」）連接成各種化學物質，化學物質的成型基礎，就在於「元素之間的結合」。

除了氦、氬等部份氣體之外，幾乎所有化學物質都結合了兩種以上的原子，形成所謂的「分子」。比方說水分子（H_2O），就是由兩個氫（H）和一個氧（O）結合而成。原子之間的結合部分稱為化學鍵。

化學鍵分為原子之間距離較近，進而共享電子（存在於原子最外側的最外殼層電子）的「共價鍵」；還有靜電相互作用形成的「離子鍵」，以及讓金屬原子形成金屬的「金屬鍵」。

碳與四個原子結合的鍵全都是共價鍵。

●生命體高分子

以化學鍵所構成的分子有大有小，而對生物化學來說，最重要的就是生命體高分子。

生命體高分子，是生命體中的高分子（分子量很大的分子）之總稱，包含蛋白質、脂質、核酸、多醣等等。雖然高分子並沒有定義分子量要多少以上，但是通常醣類中的「單醣」並不屬於生命體高分子。生物體高分子的分子量較大，所以構造也比較複雜，在細胞之類的高階系統中非常好用。

生物化學的關鍵字

●酵素（酶）

生物化學是從化學觀點探討生命現象的學問，所以理解化學反應架構便非常重要。而化學反應的重要關鍵之一，就是酵素。酵素是具有化學反應觸媒活性的蛋白質總稱。生命體內所進行的化學反應，幾乎都有相對應的反應觸媒酵素。

在使用酵素的化學反應中，酵素所作用的物質稱為受質。酵素的活性取決於溫度、酸鹼值等生命體內環境，以及受質濃度等等。

最近發現除了蛋白質以外，某種RNA也具有化學反應的觸媒活性，於是將它稱為核酸醣酶，或是核酸酶。

●氧化還原

第4章會介紹，酵素是多種化學反應的觸媒，而大致可以分為六類。第一類被稱為氧化還原酵素。雖然本書不會說明這種酵素，但是氧化還原在生物學中是相當重要的反應。氧化還原，是兩種物質之間進行電子交換的反應。也就是說電子被搶走就「被氧化」，接受了電子就「被還原」。通常一種物質被「氧化」，就有另一種物質被「還原」，所以氧化還原會同時發生。

生命體內的電子交換，通常伴隨氫離子（H^+）交換，

本書第 2 章會提到 NADPH、NADH 等物質,就是將對方還原的
「還原劑」。

●呼吸

接著,本書第 2 章將介紹呼吸。雖然只是「呼吸」兩個字,但是
在不同基準上,定義也不相同。最廣義的呼吸,是藉由氧化還原來獲
得能量的過程,但是這個解釋實在太過籠統。本書希望各位能把呼吸
定義為以下的過程。

「所謂呼吸,就是有機化合物在氧(O_2)的介入之下,被分解為
二氧化碳(CO_2)、水等無機物,在分解過程中產生能量,供應給生
命體使用的反應。」

至於我們人類使用肺吸入氧氣、排放二氧化碳,這種氣體交換稱
為外呼吸;而細胞內產生上述定義反應,則稱為內呼吸,以做區別。

●代謝

包含呼吸在內,我們體內發生的各種化學物質變化,都源自於各
式各樣的化學反應。

化學物質在生命體內產生變化的過程,稱為代謝。代謝可大致分
為物質代謝與能量代謝。兩者的差別僅在於針對「物質變化」或針對
「能量收支」,而不是將反應明確歸類於某一方。本書中提到的代謝
可以看成物質代謝,不會有解釋上的問題。

①物質代謝

生命體內產生的物質變化。包含各種以酵素為觸媒所進行的化學
反應。其中將複雜物質分解為較單純物質的反應稱為異化,而單純物
質合成為較複雜的物質,稱為同化。

②能量代謝

指生命體內進行的能量收支與轉換活動。例如生命體內以呼吸製
造能量,或是以葉綠素進行光合作用來捕捉光能,然後儲存為ATP等
形式的能量反應。

第2章
光合作用與呼吸

1 物質會循環

生態系與物質循環

哇哦──！

這個也好好吃喔！

可以吃到黑坂老師親手做的菜，太幸福了！！

我做了很多，盡量吃喔。

真的很好吃呢。

在藍天綠地之間享受美食，真好啊...

我們要重視大自然！往後地球環保可是重要的課題呢。

正經

呼

地球最大的特徵，就是「有生命存在的星球」，

所以在探討地球環境的時候，就等於是探討一個巨大的「生態系」。

嗯嗯。

那麼要怎麼維持一個生態系呢？

什麼生物要吃什麼，這種食物鏈觀點是很重要沒錯，

但是我們在這裡必須以更化學的觀點探討生態系架構。

因為這是生物化學啊！

這時候的關鍵思維就是「**物質循環**」。

物質循環

就是有什麼東西在繞圈圈嗎？

就是這樣！

接下來就好好說明一下物質循環吧。

◆ 何謂物質循環？

 某種生物吃下另一種生物，生物呼吸，還有植物的光合作用，這些生態系的特有現象都有個共同特色，那就是「物質循環」。

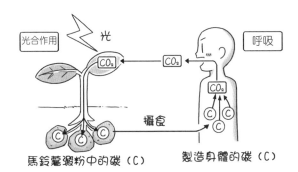

馬鈴薯澱粉中的碳（C）　　製造身體的碳（C）

 比方說「某種生物 A 吃了生物 B」，就代表構成生物 B 的物質移動到生物 A 之中。
這些物質之中最重要的成份就是「碳（C）」。

 看看上面的圖吧。要是久美吃了馬鈴薯，馬鈴薯的碳就會移動到久美體內了。

 要是我呼吸的話，體內的碳（C）就會變成二氧化碳（CO_2）跑到身體外了對吧。

 沒錯！而跑出體外的碳（C）會被植物吸收，藉由光合作用構成澱粉（醣類的一種）。

 當馬鈴薯被久美或是草食動物吃掉，碳（C）就會再次回到生物體內了。

久美又會吃牛肉，所以碳（C）也會從牛移動到久美身上。

 我最喜歡吃燒肉了！所以碳會來去在各種地方之間呢。這些移動就是循環嗎？

 妳說對了！整個地球都在一個大循環裡。

 眞的耶～我吃的米、番薯、蘋果，都跟另一個人吐出來的二氧化碳有關啊。

 除了碳之外，氫（H）、氧（O）、氮（N）還有硫（S）這些元素，也一樣在不同生物體內來來去去，或是釋放到空氣中，不斷改變位置，繞著地球跑喔。
當這些物質循環正常運作，就表示生態系與地球環境依然健全。

碳循環

那麼接下來就稍微深入說明一下碳循環吧。

嗯—碳循環喔…

根本同學，你跟久美說明一下碳吧。

好的。最近我們在討論全球暖化的時候，常常聽到「碳」這個字。碳的元素符號是「C」。
對我們這些生物來說，碳是最重要的元素之一。

因為碳是蛋白質原料胺基酸的核心元素，也是製作醣類與脂質骨架的元素，更是「基因」的核心元素。

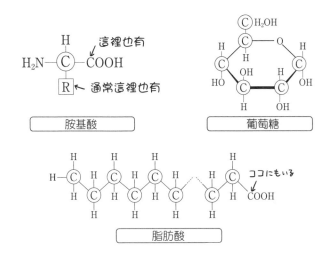

胺基酸

葡萄糖

脂肪酸

看，每種物質都有碳吧？

嗯嗯！要是沒有碳，那可就麻煩大了。原來有這麼重要啊！

 當碳在生命體之外，有時候會與兩個氧原子結合為二氧化碳（CO_2），有時候會跟四個氫原子結合成甲烷（CH_4）等物質喔。

二氧化碳

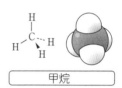

甲烷

 而且也會長年累積在地底下，形成「石油」、「煤炭」或是「鑽石」等物質喔。

 石油！鑽石！聽起來好值錢喔，超浪漫的。

 呃…碳也不是只有浪漫而已啦。
碳怎麼循環是非常重要的事情。
像現在碳循環失去平衡，地球的二氧化碳濃度就提升了…

 這可是個大問題啊…

 嗚嗚…心情好沉重，而且感覺好難懂…

 哎呀，只要了解地球是一個循環系統，就知道自己的身體也是個循環系統。追求地球的美就等於追求自己的美，這可是女人應有的常識喔。

追求美…！好，鬥志滿分啊！

 （黑坂老師眞懂得怎麼刺激久美的鬥志啊～）

 再看一次這張圖吧。

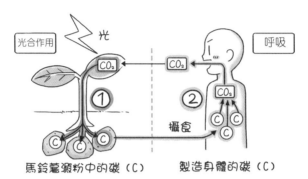

馬鈴薯澱粉中的碳（C）　　　製造身體的碳（C）

先注意左邊的①。
①在這個流程中，空氣中的二氧化碳會藉由植物的光合作用，變成製造「醣類」的原料。

再來看右邊的②。
②在這個流程中，醣類會被生物利用，藉由呼吸再次成爲二氧化碳，回到空氣中。

 好—！

2 理解光合作用的架構

植物的重要性

「植物」位於生態系的底層，提供「食物」給所有生物，其中綠色植物的存在尤其重要。

因爲綠色植物擁有「光合作用」的功能，利用太陽光，將二氧化碳轉換爲生物的重要營養，也就是「碳水化合物（醣類）」。

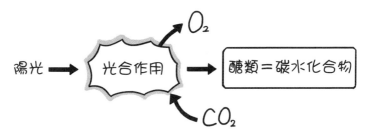

植物之所以被稱爲食物鏈中的「生產者」，也是這個理由。相較之下，我們這些動物就屬於「消費者」。

光合作用的重要性不僅是製作醣類而已。

因爲光合作用以二氧化碳爲原料，所以能夠保持大氣中的二氧化碳濃度穩定，而且光合作用會產生我們所需的副產物「氧氣」。對我們生物來說非常重要。

所以人類破壞森林，就等於消滅「生產者」，進而減少自己生存所需的氧氣，以及動物營養來源的醣類。跟拿石頭砸自己的腳一樣。

接下來我們就研究一下，植物利用太陽光製造醣類的架構吧。

葉綠體的構造

機械喵傳來的影像中，可以看到植物細胞裡面有綠色顆粒，這就是「葉綠體」。

葉綠體

外膜（脂質雙層膜）

內膜（脂質雙層膜）

葉綠餅

類囊體（葉綠囊）

葉綠體的構造

我們可以發現，葉綠體內部有好幾層像是小紙袋的構造體，相當神奇。這些扁平的小包稱爲「類囊體」，而好幾層類囊體堆疊起來就稱爲「葉綠餅」。

類囊體膜與細胞膜，都是以磷脂質爲主要成份的雙層膜。

請看類囊體膜的表面。

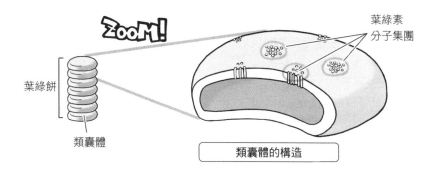

葉綠素
分子集團

葉綠餅

類囊體

類囊體的構造

可以看到許多小顆粒聚集成集合體吧？這些小小顆粒的眞面目，是名爲「葉綠素」的分子與蛋白質的聚合體，大概有一半埋在葉綠素膜之中。

葉綠素分子會吸收太陽光，但太陽光中的綠色光不會被吸收，只會反射或透過。所以植物在我們的眼睛看來呈現綠色。

● 光合作用的架構～光呼吸反應～

好—！

剛好這裡有不錯的位子，就

直接在戶外上課吧。

呃…可以不回研究室嗎？

哎呀！接下來要學植物的光合作用呢！在藍天之下學習光合作用，不是比躲在研究室裡好多了嗎？

原來如此啊…

舉手！我知道什麼是光合作用！人類不能光合作用，所以主要只有植物能進行光合作用。

就是利用太陽光跟二氧化碳來製造氧與醣類對吧？

光合作用

醣類＝碳水化合物

O_2

沒錯！就是這樣！

那麼妳知道太陽光怎麼製造氧跟醣類嗎？光合作用的架構呢？

石化

51

接下來要特寫類囊體膜了。

ZOOM!

電子流動

葉綠素‧蛋白質複合體

類囊體的雙層膜

光化學系統 II　細胞色素 b₆-f 複合體　　光化學系統 I　　ATP 合成酶

這些葉綠素‧蛋白質複合體，大概有一半被埋在類囊體膜裡面。

真的！不過怎麼還有一些奇形怪狀的東西啊？

像這種的…

這些奇形怪狀的團體叫做「電子傳遞系統」，不同形狀代表數種蛋白質聚集而成的蛋白質複合體。它們有很重要的任務喔。

咦～！不是在說植物光合作用嗎？怎麼突然講到電子了？我都聽不懂了啦…

※實際放出電子的是「反應中心葉綠素」，周圍的「天線」葉綠素則相當於「放大器」。

這些蛋白質複合體會根據一定順序來傳遞電子，在這過程中會合成一種叫做「**NADPH**」的分子，最後則會合成「**ATP**」。

前面有提過 ATP，NADPH 還是第一次聽到呢…

ATP

NADPH

NADPH 是由「氫受體」分子 NADP$^+$ 結合電子與質子（氫離子）而成。負責製造它的是 NADPH 還原酶。

質子　電子 e

NADPH

交給我了！

簡單來說，就是把接下來固碳反應所需的電子與質子，先暫時儲存在這裡※。

我們平常使用的電力也是「電子流動」，所以可以看成一般電器製品，

今天早上的教授

電子傳遞系統會不斷傳遞電子，創造出「電子流動」，電子流動就能製造 ATP。

接著來看光反應製造 ATP 的過程吧！

翻

※也就是將 NADP$^+$「還原」而產生 NADPH。
（有關「還原」請參考第 37 頁）

54

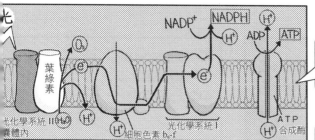

STEP1（光化學系統 II ）

太陽光照射到葉綠素。

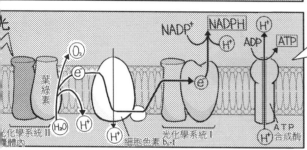

STEP2

葉綠素受光成為激發狀態，釋放電子 e⁻ 傳遞出去。同時質子 H⁺ 則儲存在葉綠素內。

e⁻就是指電子囉

STEP3（光化學系統 I ）

把電子 e⁻ 與質子交給 NADP⁺，製造出 NADPH。

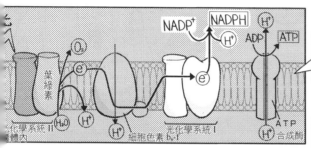

STEP4

儲存在類囊體內的質子H⁺會根據濃度比例而釋放到類囊體之外，此時會通過 ATP 合成酶。質子通過時，就會由 ADP 製造出 ATP。

※物質會從高濃度位置自然流向低濃度位置。

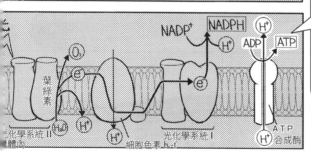

光化學系統 I 中也有葉綠素，並可接受光能。當自光化學系統 II 傳遞來的電子能量減弱，可以在此活化電子。

喔！照順序來看就懂了！

電子流動真的會產生 NADPH 跟 ATP 呢！

光合作用的架構～固碳反應～

光
反應

固碳
反應

以上就是光反應，需要太陽光才能進行。

接下來要講固碳反應！

好—！

光反應合成了 ATP 與 NADPH 之後，接下來的反應就不需要光了。

ATP

NADPH

如果不用光，是不是陰天跟晚上也可以進行固碳反應呢？

不是啦，只是「這個階段不需要光」而已。固碳反應還是跟光反應一樣，在白天製造醣類喔。

固碳反應的發生位置不是在葉綠素膜，而是葉綠體的空間部份，稱為「間質（Stroma）」。

就是這個。

喔喔。

間質

57

固碳反應，是使用儲存在 ATP 中的化學能，並以空氣中的二氧化碳（CO_2）為材料，來製作醣類（葡萄糖之類）的反應。

就是用我們這些動物或是植物本身吐出的二氧化碳做為原料，對吧。進行反應還需要光呼吸反應所生產的化學能呢。

首先讓「雙磷酸核苷醣」與 CO_2 結合，產生兩組由三個碳構成的「3-磷酸甘油酸」分子。

而 3-磷酸甘油酸又會利用 ATP 的化學能與 NADPH 的還原力，製作出兩個「甘油醛 3-磷酸」分子。

而這些「甘油醛 3-磷酸」就可以用來製造葡萄糖等等。

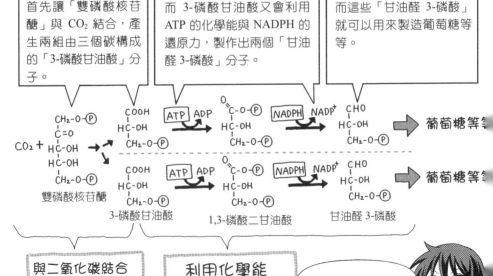

先使用二氧化碳，再使用化學能啊。

※1 正確來說，光合作用所製造的是葡萄糖 1-磷酸。
※2 植物本身要使用能源的時候，會消耗蔗糖。

3 學習呼吸的架構

投影室

啊—戶外教學真是太有趣了！

休息一下吧，我去泡壺茶。

哇—！

啊…

對了，我還有些搞不懂的地方。

「醣類※」就是糖，糖就是碳水化合物嗎？

SUGAR

對呀。碳水化合物就是「醣類」。而砂糖、血糖值的糖也是這個「醣」…

opol—！
我想不透的就是這裡啦！米飯也是碳水化合物，但是不像加糖的蛋糕那麼甜對不對！？

醣類＝碳水化合物＝糖

還是米飯也有加糖，只是我不知道！？

※前面已經說明，本書中主要採用「醣類」來進行說明。

嗯，久美會疑惑也不是沒有道理啦。

看這裡，雖然醣類兩個字說來簡單，但其實包含許多種類喔。

砂糖＝蔗糖（Sucrose）

果糖（Fructose）

乳糖（lactose）

澱粉（starch）

MILK

喔喔～

每種醣類都不一樣，所以接下來就仔細說明一下醣類吧。

醣類

是！

我們用來當作能源的代表性醣類，是名叫葡萄糖的醣類，具有直鏈構造或環狀構造。

圖面的正確化學式為「α-D-葡萄糖」。環狀構造最右邊的羥基與氫如果上下對調，就稱為「β-D-葡萄糖」。

直鏈構造

環狀構造

看這邊的直鏈構造。有六個碳（C）排成一線，下面五個碳都各自連接著氫（H）與羥基（OH）對吧？

而最上面的碳就呈現「醛基」形態。這就是醣類的基本型態之一※。

61

※糖類基本形態請參考第 84 頁。

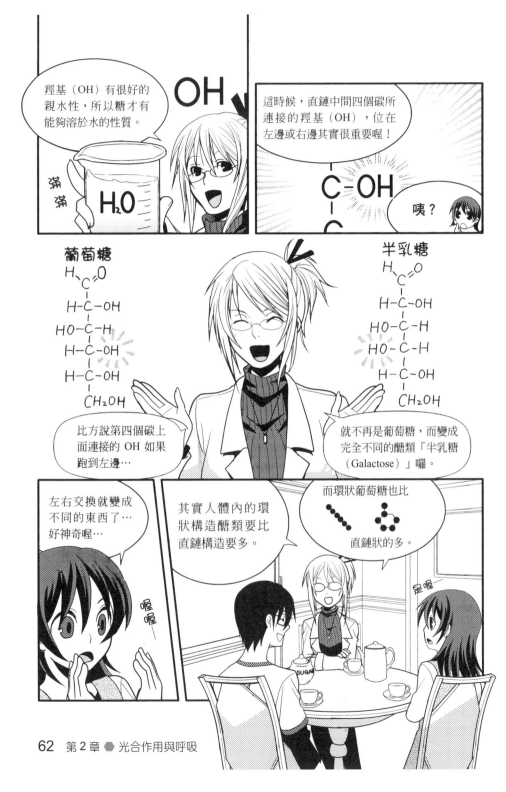

羥基（OH）有很好的親水性，所以糖才有能夠溶於水的性質。

OH

H₂O

滴滴

這時候，直鏈中間四個碳所連接的羥基（OH），位在左邊或右邊其實很重要喔！

C-OH

咦？

葡萄糖

半乳糖

比方說第四個碳上面連接的 OH 如果跑到左邊…

就不再是葡萄糖，而變成完全不同的醣類「半乳糖（Galactose）」囉。

左右交換就變成不同的東西了…好神奇喔…

喔喔—

其實人體內的環狀構造醣類要比直鏈構造要多。

而環狀葡萄糖也比

直鏈狀的多。

是喔

SUGAR

醣類的英文字尾通常有「ose」

哈囉！不對，現在不是打招呼的時候。剛才介紹了葡萄醣、半乳糖等醣類，這些醣類的英文字尾通常都有「ose」。

葡萄糖是能夠生產能量的醣類，血糖值的「糖」指的就是葡萄糖。我們平時吃的砂糖，則特別稱為「蔗糖（Sucrose）」。字尾也有ose吧。母乳和牛乳中含有叫做「乳糖」的醣類，英文是「Lactose」。水果中大多含有「果糖（Fructose）」。其實自然界中存在各式各樣的醣類，而蔗糖、乳糖和葡萄糖、半乳糖、果糖的構造稍有不同。至於我們常吃的米飯、地瓜中含有「澱粉」，它是由「澱粉醣（Amylose）」和「支鏈澱粉（Amylopectin）」所構成的。

第3章會仔細說明這些物質的構造，敬請期待。

為何單醣呈現環狀結構？

為什麼環狀構造的單糖比直鏈構造要多？秘密就在於分子內與碳結合的「-OH」。

這裡有請酒精出場做示範，當然，不是因為黑坂老師愛喝酒喔。其實所有醇類的化學式都可以寫成「R-OH」（R有很多形式）。醇如果與醛基或酮基結合，就會製造出「半縮醛」。所以單糖的「-OH」也具有這種性質，會跟分子內的醛基或酮基起反應，結果就形成環狀構造了。

第五個-OH跟醛基起反應… 　　就形成半縮醛了！

為什麼我們一定要呼吸？

我們無時無刻不在呼吸，那麼…

根本同學，你說說為什麼我們非呼吸不可呢？

好的。因為我們必須吸收空氣裡所含的氧氣，並且排放體內的二氧化碳。

O_2

CO_2

喔喔！

是呀。那為什麼我們必須吸收氧氣呢？因為細胞需要氧氣來生產活動能量…

ATP

今天也要生產 ATP
＝需要營養和氧氣

也就是說，想分解葡萄糖來抽取能量，就不能沒有氧。

嗯～總之簡單來說，吃了飯之後，要消耗米飯變成能量，就一定需要氧囉！

肚子餓了！ ➡ 吃飯 ➡ 生產能量

有精神！

O_2

需要氧氣！

我們吸收氧氣吐出二氧化碳的動作叫做「呼吸」…

但是細胞吸收氧，分解葡萄糖產生能量，並排放二氧化碳的反應，也叫做「呼吸」喔。

氧氣來了嗎
葡萄糖來了嗎
能量
來了嗎

咦？兩種都是呼吸？那不會搞混嗎…

沒錯。所以為了區別兩種呼吸，就把我們平時的呼吸稱為「外呼吸」，細胞的呼吸稱為「內呼吸」。

O_2
CO_2
外呼吸

O_2
CO_2
內呼吸

對。而且接下來只要提到「呼吸」都是指「內呼吸」，要記住喔！

看我
這邊！

所以我現在學的不是自己的呼吸，是細胞的呼吸啊。

呼吸

呼吸就是分解葡萄糖來產生能量的反應

植物以光合作用製造醣類，然後轉換成澱粉儲存。我們動物就攝取這些澱粉。

澱粉被消化之後成為葡萄醣，我們生物（包含植物本身）以它為營養源，並借助吸入體內的氧氣來生產能量。

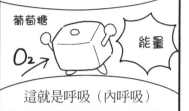

葡萄糖

$O_2 \rightarrow$

能量

這就是呼吸（內呼吸）

這裡先舉出呼吸的一般反應式喔。

CO₂   ATP

$$C_6H_{12}O_6 + 6O_2 + 6H_2O \Rightarrow 6CO_2 + 12H_2O + 38ATP$$

葡萄糖　氧氣　水　　　二氧化碳　水　　　能量

嗯嗯…可以知道呼吸消耗葡萄糖跟氧氣，產生二氧化碳、水跟能量。

接著我們依序來仔細看看這些反應吧！

在腦中把呼吸分成三階段！

這就是三大關鍵字！

① 糖解系統

② 檸檬酸循環※

③ 電子傳遞系統

※也稱為「TCA循環」，或是依發現人的名字命名為「克氏斯循環」。

細胞

粒線體

ZooM!

葡萄糖 → ① 糖解系統 → ② 檸檬酸循環 → ③ 電子傳遞系統 → 38個 ATP

（細胞質）　　　　　　（粒線體）

Point

①糖解系統是細胞質所進行的反應系統，②檸檬酸循環和③電子傳遞系統則是在粒線體中進行的反應系統。一個葡萄糖經過這個過程，會產生 38 個 ATP。

唔…
看起來好難喔…

那換成
這樣如何？

噹噹～～

避OK～

丙酮酸

$NADH$
$FADH_2$

① 不需要氧的
糖解系統

② 轉圈圈的
檸檬酸循環

③ 高科技的
電子傳遞系統

這樣應該比較好懂了。

噗味

但是 $NADH$、$FADH_2$ 又是什麼？第一次看到說…跟光合作用提過的 $NADPH$ 有關係嗎…

丙酮酸

$NADH$
$FADH_2$

這些物質的流動很重要喔。
我們來一個一個看下去吧！

67

關鍵字①以糖解系統分解葡萄糖

首先是糖解系統！

加油～

細胞吸收了葡萄糖，會先在細胞的「細胞質」進行分解。

啪

細胞質

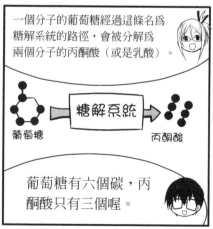

一個分子的葡萄糖經過這條名爲糖解系統的路徑，會被分解爲兩個分子的丙酮酸（或是乳酸）。

葡萄糖 → 糖解系統 → 丙酮酸

葡萄糖有六個碳，丙酮酸只有三個喔。

所以，就是把一個葡萄糖折成兩半，變成丙酮酸囉？

丙酮酸

葡萄糖

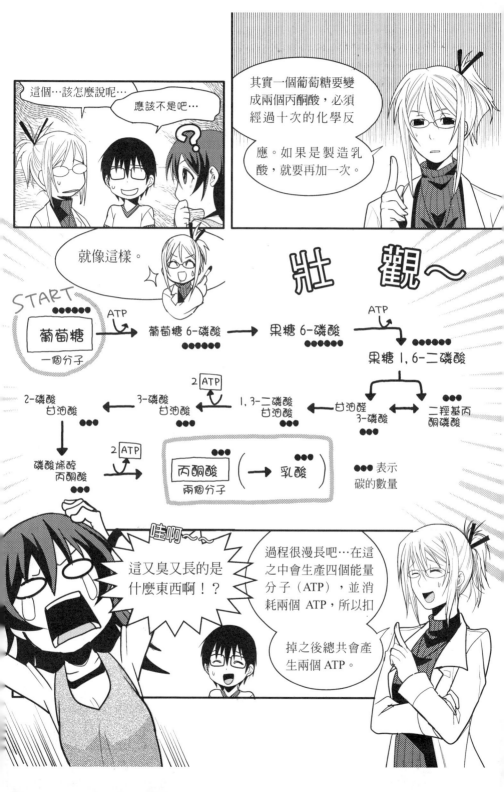

這個…說來有點不太好意思，不過了這麼漫長的反應，卻只能生產兩個ATP…好像有點…

簡單來說就是沒效率啦。

你真的說了！

嗯

唔呵呵

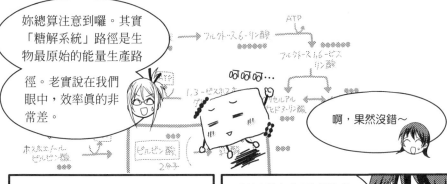

妳總算注意到囉。其實「糖解系統」路徑是生物最原始的能量生產路徑。老實說在我們眼中，效率真的非常差。

唔呵呵呵…

啊，果然沒錯～

所以現在有更高效率的能量生產方式囉？

啊
嗯

這個路徑的特徵就是不需要氧氣！就算沒有氧，也可以用一個葡萄糖分子製造出兩個ATP分子。

效率低，
沒氧氣，
我都不怕！

所以對生存於低氧氣濃度環境的古代生物，以及現代的厭氧性生物※來說，糖解系統是非常重要的能量生產路徑。

※厭氧性生物，就是不需要氧氣也能產生能量的生物。

沒錯！生物終於演化出一種能夠積極利用光合作用所產生的氧，製造更多ATP的路徑。那就是接下來要說的檸檬酸循環和電子傳遞系統！

對了！光合作用！光合作用裡面也有電子傳遞系統對吧？

是呀。但是光合作用的電子傳遞系統中，蛋白質複合體的構造與這裡不同。

雖然電子都會流動，但是裡面的奇形怪狀完全不一樣，功能也大不相同。

光合作用的電子傳遞系統

原來是這樣啊～形狀真的不一樣呢！

接著就要講解 NADH 和 FADH$_2$ 了。

一個丙酮酸分子可以分別做出四個 NADH 分子和一個 FADH$_2$ 分子。

葡萄糖 → 丙酮酸 —檸檬酸循環→ 4 NADH FADH$_2$

丙酮酸 —檸檬酸循環→ 4 NADH FADH$_2$

如果用一個葡萄糖分子換算，光是檸檬酸循環就可以製造八個NADH分子和兩個 FADH$_2$ 分子。

檸檬酸循環中，會將氫原子（H）交給 NAD$^+$ 或 FAD 這兩種物質，製造出 NADH 和 FADH$_2$。氫原子是由質子（H$^+$）和電子所組成…所以也能解釋成「把質子與電子暫時托給」給 NAD$^+$ 或 FAD$^※$。

氫原子
＝質子＋電子
H
↓ ↓
NAD$^+$ FAD

＼＼ 交給我們保管！ ／／

質子 e NADH
質子 e FADH$_2$

光合作用也有用 NADPH 保管質子跟電子喔。

被 NAD$^+$ 和 FAD「保管」的質子與電子，就可以在電子傳遞系統裡大顯身手了！

閃亮

※也就是說，NAD$^+$ 和 FAD 會被「還原」成為 NADH 和 FADH$_2$。

（還原請參考第 37 頁）

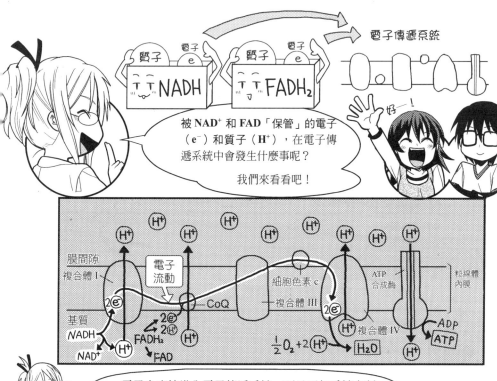

被 NAD+ 和 FAD「保管」的電子（e-）和質子（H+），在電子傳遞系統中會發生什麼事呢？

我們來看看吧！

電子會直接進入電子傳遞系統，而且正如系統名稱所示，在數個複合體與蛋白質之間依續傳遞。

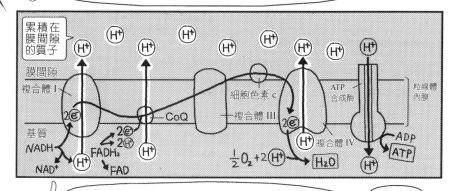

在電子（e-）接連傳遞的過程中，電子傳遞系統的蛋白質會產生許多改變。結果質子（H+）會從粒線體的基質往膜間隙（內膜與外膜之間的空隙）移動，並囤積起來。其中有三個「幫浦」會把質子推擠到膜間去。

嗯嗯

但是這麼一來就產生濃度比例的力量。也就是說,當膜間隙的質子(H⁺)濃度比基質更高,就會產生一股往基質方向流動的「滲透壓力」。

濃度比例,就是物質會從高濃度自然往低濃度位置流動。

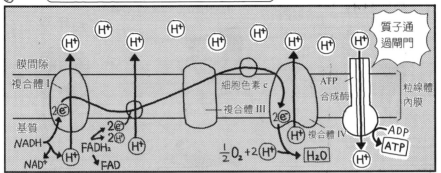

剛好,電子傳遞系統就有個讓質子往基質方向移動的「閘門」。

那大家都會往這裡去囉!

這個閘門就是「**ATP 合成酶**」,只要一個質子通過,就會製造一個 ATP 分子。

所以十個NADH分子(其中兩個來自糖解系統)就可以製造 30 個 ATP 分子,兩個 FADH2 則可以做出四個 ATP 分子。

來自 NADH 的電子,是因為三個「質子幫浦」全面活動才有這種數量,但是 FADH₂ 只會驅動兩個質子幫浦,所以數量較少。

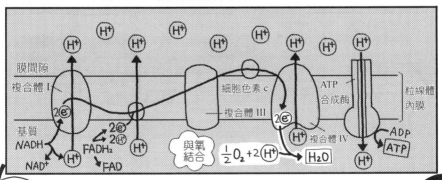

最後用完的電子與質子會與氧結合(這裡就需要氧氣!),變成水囉。

原來如此啊~

※糖解系統產生的 NADH 分子無法進入粒線體，所以還有一種只運送電子的「穿梭系統（shuttle system）」。但是原本一個 NADH 分子可以製作三個 ATP 分子，使用穿梭系統之後就只能製作兩個。所以正確來說應該是 36 個 ATP 分子。

● 光合作用與呼吸～總結～

從物質，尤其是碳循環的觀點來看，光合作用與呼吸有著相互關係。

寫寫

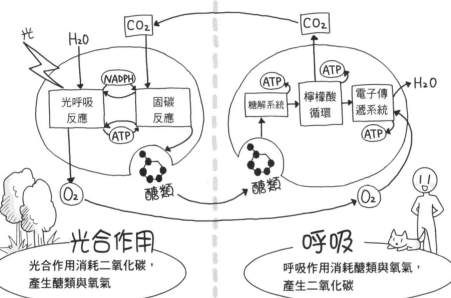

光 H₂O CO_2

NADPH

光呼吸反應　　固碳反應

ATP

O_2　醣類

CO_2

ATP　ATP

糖解系統　檸檬酸循環　電子傳遞系統　H₂O

ATP

醣類　O_2

光合作用

光合作用消耗二氧化碳，產生醣類與氧氣

呼吸

呼吸作用消耗醣類與氧氣，產生二氧化碳

這兩種作用在地球上達成均衡，才能維持生態系統。

光合作用　呼吸

從生物化學觀點來看，就知道破壞森林會造成什麼後果了。

整個地球會失去平衡吧…

為了我們吃的飯，地球一定要永遠豐饒才行啊。

是啊…

…老師,天色已經不早囉。

啊,真的。

哎呀,唸書唸得太認真,都這麼晚了…

叮

天色這麼暗,女孩子一個人回家太危險啦～

根本同學!把她送回家吧!好啦!好啦!好啦～!

咦～～!?

…啊!有,有道理喔!我送妳回家吧!夜路走起來挺危險的,我也很擔心…我也想跟妳一起回家…

嘀咕

嘀咕

臉乾

啊!不用擔心我的事情啦!

其實今天爸爸會開車來接我的說。

乾

脆

啊！學長也一起搭我爸的車回家吧！

久美…太遲鈍了！！

呃…這就不用了…

無力

唔…有沒有什麼妙招呢…

啊！

拍

久美，要不要交換手機號碼啊？連絡起來會很方便喔。

啊，好！

呀一拿到黑坂老師的號碼，太棒了～！

太好囉

嘿嘿嘿

4 能量的共同貨幣・ATP

　　我們動物（當然也包括植物）以光合作用所產生的葡萄糖爲營養來源，進行呼吸，生產生命活動所需的能量。

　　本章說明過，我們所生產的能量是一種化學物質，名叫「三磷酸腺苷（Adenosine triphosphate）」，簡稱「ATP」。

　　目前沒有一種貨幣可以全球通用，但是生物界在這點就先進多了。所有生物生產的能量都以ATP的形式來儲存、消費，有如經濟社會中的貨幣。所以 ATP 是所有生物都能共同使用的「能量共同貨幣」。

　　…話雖如此，生物之間也沒有辦法交換使用ATP就是了。

　　從細菌到人類，只要冠上「生物」之名，全都使用 ATP 做爲能源。

　　那麼爲何ATP會成爲「能量共同貨幣」呢？到底這「貨幣」要怎麼發揮功能呢？

　　ATP就如下一頁的圖片所示，在腺苷上有三個磷酸基排成一列。當最外側的磷酸基脫離，分子分解爲ADP（二磷酸腺苷）與無機磷酸（Pi）的時候，會產生「7.3 kcal（31 kJ）/mol」的能量。

　　所以要是在試管中進行ATP的水解，其散發出的能量會使周圍水溫稍微升高。

　　不過實際在細胞之中，水解ATP所得到的能量並不會加熱周圍的水，但會用來幫助酵素成爲化學反應觸媒，用來活動肌肉，或是用來傳遞神經訊號。

　　這個機制才眞的是「行遍天下」。

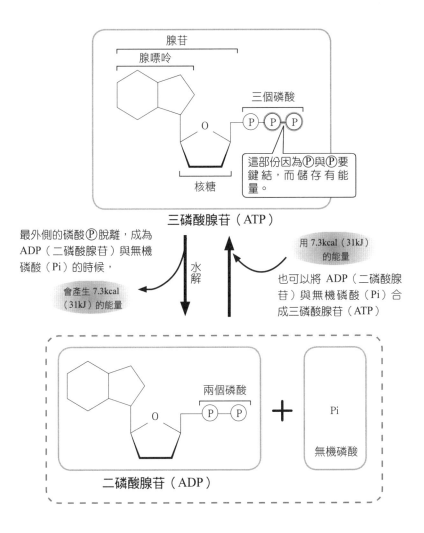

三磷酸腺苷（ATP）

最外側的磷酸Ⓟ脫離，成為ADP（二磷酸腺苷）與無機磷酸（Pi）的時候，

用 7.3kcal（31kJ）的能量

會產生 7.3kcal（31kJ）的能量

也可以將 ADP（二磷酸腺苷）與無機磷酸（Pi）合成三磷酸腺苷（ATP）

水解

5 醣類（單醣）的形式

●醛糖與酮糖

前面說過，醣類（單醣）的基本形式之一，就是以一個碳形成醛基的醣（參考第 61 頁）。其實目前發現的單醣，除了一個碳的醛基糖之外，還有兩個碳的酮基糖。

含有醛基的醣稱爲醛糖，含有酮基的糖稱爲酮糖。

代表性的醛糖有「葡萄糖」和「半乳糖」，代表性的酮糖有「果糖」（果糖之細節請參考第 3 章）。

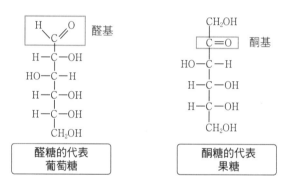

●六碳糖與五碳糖

之前說明過，當單醣形成環狀構造時，葡萄糖會形成六角形，但其實也可能形成五角形。若含有五碳一氧所形成的六角環，稱爲六碳糖。含有四碳一氧所形成的五角形，稱爲五碳糖。

通常葡萄糖會形成六碳糖，但是偶爾也會出現五碳糖。這時候前者稱爲「六碳葡萄糖」，後者稱爲「五碳葡萄糖」。

代表性的酮糖「果糖」，在形成環狀構造時也會形成六碳糖或五碳糖，分別稱爲「六碳果糖」「五碳果糖」。

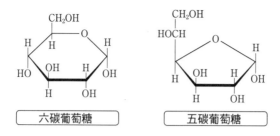

六碳葡萄糖　　　　　五碳葡萄糖

●D型與L型

　　目前已知單醣有另一種叫做「光學異構物」的構造，彼此有如鏡中倒影。兩者分別稱爲「D型」、「L型」，本書中提到的單醣全都是「D型」。例如葡萄糖就有「D-葡萄糖」「L-葡萄糖」。離醛基（或酮基）最遠的不對稱碳（四個鍵所連接的物質全都不同的碳，以葡萄糖來說，就是第五個碳），也就是OH基，若呈現下圖直鏈結構式（費雪投影式）的右側結構，就是D型；若呈現左側，則是L型。根據此基準，就葡萄糖來說，D型葡萄糖的第二個到第五個碳所連結之H與OH，如果全都左右翻轉，就成爲L型。

　　第二個到第五個糖全部翻轉是很重要的指標，假設葡萄糖只有第四個碳的H和OH翻轉，就變成另一種單醣「半乳糖」（參考第62頁）。

　　另外，存在於自然界中的單醣幾乎都是D型。

D-葡萄糖　　　　　　L-葡萄糖

6 CoA 是什麼？

糖解系統所製造的丙酮酸，進入下一個階段檸檬酸循環之後，偶爾會形成名叫乙醯CoA的物質。CoA是什麼意思呢？

所謂CoA，就是coenzyme A（輔酶A）的簡稱。下面是它的結構式。腺苷 3'-磷酸的第 5'個碳並排連接兩個磷酸，會形成叫做「泛酸」的維生素，泛酸再與「2-巰基乙胺」結合就成為輔酶A。在圖中以網點標示的範圍稱為「磷酸泛醯巰基乙胺」，是用來運送乙醯基或脂肪酸碳氫鏈的「載體」。乙醯輔酶A，就是在這「巨大」分子前端連接上乙醯基而成的物質。

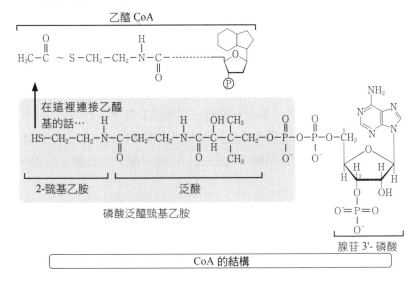

CoA 的結構

另外還有一種功能與CoA相近的蛋白質，稱為ACP（醯基載體蛋白質 acyl-carrier protein）。ACP會出現在第 3 章介紹脂肪酸合成、β氧化的章節，它也是具有磷酸泛醯巰基乙胺的載體。與 CoA 不同的是，它的磷酸泛醯巰基乙胺並非與腺苷 3'-磷酸結合，而是與 ACP 的絲氨酸（一種胺基酸）結合。

從名稱「輔酶」可以得知，CoA的功能就是在代謝路徑上提供一個「位置」，促進化學反應進行。

第3章

生活中的生物化學

1 脂質與膽固醇

是喔。眞可惜…

好！我要用功做報告，讓黑坂老師嚇一跳，大大誇獎我！

喔！！

但是這些問題好有趣喔！

兩小時後 午安

好啦好啦，快點來解這些問題吧！

因為所以，今天就由我來上課了…

有詞 恰恰

嗯！說的對！

為什麼黑坂老師突然躲起來啊…我可以教得好嗎…

煩惱也不是辦法…我就盡力去做吧！

好，先來解第一個問題！
膽固醇眞的是壞蛋嗎？

舉手一！

膽固醇就是油或脂肪吧？
我覺得眞是壞透了。

被發現了！？

像我爸就很擔心鮪魚肚、
新陳代謝症候群什麼的…

我根本
不需要脂肪～
我的目標是體脂
肪率0%喔！

目標 5kg！
打倒!!
體脂肪!!

久美…
這樣不對啦。

為了久美好，我們應該好好了解
一下脂質才對。生物有「三大營
養素」，除了黑坂老師教過我們
的醣類之外，還有「脂質」跟
「蛋白質」。先來看看脂質吧！

嗯哼

咦？我煩惱的是脂
肪…那脂質是什
麼？跟脂肪有什麼
不一樣嗎？

我看看…

喀噠

脂質

中性脂肪
• 中性脂質

• 磷脂質

• 糖脂質

• 類固醇 等等

大概像這樣吧。

脂質分成中性脂質、磷脂質、糖脂質、類固醇等種類。
脂質是生物化學用的名詞，脂肪則是營養學用的名詞。

在這裡的意思相同，所以脂質＝脂肪。

但是我們平常聊減肥聊到的「脂肪」…

通常是指「中性脂肪＝中性脂質」。

為了避免搞混，接下來統一使用「脂質」吧。

OK!

脂質是許多型態的總稱，定義比較困難…

模糊不清

脂質

但是脂質特性可以說是「難溶於水，易溶於有機溶劑」※。

有機溶劑…？

順便說到，丙酮經常用來當作指甲油的去光水。

具體來說，就是酒精、丙酮這些含有碳原子骨架的有機化合物液體。脂質很容易溶解在這些液體之中喔。

※也有例外，例如部份糖脂質可溶於水。

接著是磷脂質！

・磷脂質

磷脂質就像是把中性脂質中三個脂肪酸的其中一個換成「磷酸」，所形成的化合物※。

$$H_3C \diagdown\diagdown\diagdown\diagdown\diagdown \overset{O}{\underset{\|}{C}}-O-CH_2$$
$$H_3C \diagdown\diagdown\diagdown\diagdown\diagdown \overset{O}{\underset{\|}{C}}-O-CH$$
$$H_3C \diagdown\diagdown\diagdown\diagdown\diagdown \overset{O}{\underset{\|}{C}}-O-CH_2$$

⬆

裡面有一個不一樣！

…說到這裡，久美記得嗎？前面也提過一次磷脂質喔。

咦！嗯…在哪裡呢…

唔

就是製造細胞膜的章節！

細胞膜主要以磷脂質所構成，對吧？

ZOOM!

磷脂質具有「兩性」的性質。兩個脂肪酸部份爲排水性，含磷酸的部份則有親水性，所以只要排水性部份朝內，親水性部份朝外，就可以形成雙層膜了。

磷脂質
- 磷酸 等等 → 親水性
- 脂肪酸 → 排水性

$$H_3C \diagdown\diagdown\diagdown\diagdown\diagdown \overset{O}{\underset{\|}{C}}-O-CH_2$$
$$H_3C \diagdown\diagdown\diagdown\diagdown\diagdown \overset{O}{\underset{\|}{C}}-O-CH$$

排水性

親水性

$$H_2C-O-\overset{O}{\underset{\underset{O^-}{\|}}{P}}-\boxed{}$$

磷脂質

有許多種類

易溶於水的是親水性，難溶於水的是排水性，兩種都有所以稱爲「兩性」啊。

※以丙三醇爲基礎所形成的脂質稱爲「磷酸甘油脂」。其他還有「複合磷脂質」。

接著是糖脂質!

● 糖脂質

糖脂質就是成份中含有醣類的脂質。

有「複合糖脂質」「甘油糖脂質」等種類。

醣類

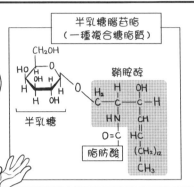

半乳糖腦苷脂
（一種複合糖脂質）

CH₂OH

HO
OH
H OH
H
H
OH

半乳糖

鞘胺醇

H₂C—H—OH
C—C—C—H
HN CH
O=C HC
脂肪酸 (CH₂)₁₂
CH₃

這些磷脂質與糖脂質也和中性脂質一樣含有「脂肪酸」。

━ 脂質 ━

中性脂肪
● 中性脂質

● 磷脂質

● 糖脂質

● 類固醇 等等

《含有脂肪酸》

哦—
「脂肪酸」真是隨處可見啊。

嗯。大多脂質都含有脂肪酸。

脂肪酸可以說是脂質的主角吧。

脂質的主角!…嗚嗚,在我看來就像邪惡大魔王一樣…

久美痛恨的脂肪酸,其實很重要喔。

來仔細說明一下吧!

脂肪酸

脂肪酸可以當作能源，也可以形成磷脂質，變成細胞膜的原料。如果人類沒有脂肪酸，就活不下去了！

啊…是喔…嚇我一跳！我還以為它是大壞蛋呢。

先來看看脂肪酸的構造吧。脂肪酸有著以數個到數十個碳（C）橫向連結而成的構造，至於我們體內的脂肪酸，碳數大約是 12 個到 20 個左右。

$$\text{H}_3\text{C} - \text{C} - \text{C} - \text{C} - \text{C} - \text{C} - \text{C} - \text{C} - \text{C}\overset{O}{\underset{OH}{\diagup}}$$

脂肪酸

$(\text{CH}_3(\text{CH}_2)_{12}\text{COOH})$

羧酸基

而這長長的鏈條（稱為碳氫鏈）最尾端，則是名叫「羧酸基（-COOH）」的構造。
每個橫向連結的碳（C）旁邊幾乎都只有連接氫（H），沒有醣類之類的羥基（OH），所以也沒有可溶於水的性質（有關醣類請參考第 61 頁）。

嗯嗯。啊！所以水油才不交融囉。原來是這樣啊～。

我們體內的脂肪酸，碳數大多在 16 個以上。比方說棕櫚酸、硬脂酸、亞麻油酸、次亞麻油酸、花生四烯酸，都是對人體來說非常重要的脂肪酸喔。

哇～好多碳！脂肪酸原來有這麼多種啊。

棕櫚酸	$CH_3(CH_2)_{14}COOH$
硬脂酸	$CH_3(CH_2)_{16}COOH$
亞麻油酸	$CH_3(CH_2)_4(CH=CHCH_2)_2(CH_2)_6COOH$
次亞麻油酸	$CH_3CH_2(CH=CHCH_2)_3(CH_2)_6COOH$
花生四烯酸	$CH_3(CH_2)_4(CH=CHCH_2)_4(CH_2)_2COOH$

若分子圖中含有雙鍵，
則如此書寫

脂肪酸就像上面的圖，有些分子圖中的碳有「雙鍵」，有些則沒有。

碳原子有四個價電子，通常
會各自連接一個原子…

但是有時候會使用兩個價電子
與其他原子結合，這個就叫做
「雙鍵」。

這種有雙鍵的碳稱為「不飽和碳」。而含有不飽和碳的脂肪酸，就特別稱為「不飽和脂肪酸」。不飽和脂肪酸的凝固點比飽和脂肪酸要低，不容易凝固，所以像是需要柔軟度的細胞膜（磷脂質成份）就含有很多不飽和脂肪酸。

喔—所以雙鍵比較多，就比較不容易凝固囉。

沒錯。雙鍵越多，脂肪酸從固體變成液體的溫度（熔點）就越低。所以碳的數量以及碳之間的**雙鍵**數量，會大大影響脂肪酸的種類與性質。
結果也決定了脂質的性質。

膽固醇是類固醇的同類

 接著是這個問題的主角，「膽固醇」。

 對對！我已經知道脂質跟脂肪酸了，那膽固醇到底是什麼呢？

 膽固醇也是脂質的同伴，實際形狀就像下面這樣。

三個六角形

一個五角形

HO

每個角都有
一個 C

 上面這種三個六角形（六員環）跟一個五角形（五員環）所組合而成的物質，就稱為「類固醇骨架」，而以此為基本架構的脂質，稱為「類固醇」。

脂質
┌─ 中性脂肪 ─┐
・中性脂質
・磷脂質
・糖脂質
・類固醇

 喔～所以膽固醇也是類固醇的一種囉！

膽固醇的功能

現在我知道膽固醇也是類固醇的一種…
但是類固醇又是什麼啊？
好像聽過有這種藥，但是搞不太清楚說。

通常聽到類固醇，確實會讓人想到藥品。不過我們人體內其實除了膽固醇之外，也含有很多「類固醇」喔。

比方說有一種叫做「類固醇激素」的激素。
最有名的就是「性激素」，這是讓男人更像男人，女人更像女人的必備激素。

要有它才有女人味嗎？
喔喔，那可真是重要的激素呢！

主要由男性精囊分泌的性激素之一「睪固酮」，原料就是膽固醇。
而由胎盤等器官分泌的「黃體素」，也是由膽固醇製造的。

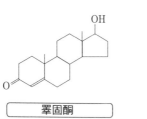

| 睪固酮 | 黃體素 |

而且「維生素D」也是一種類固醇，也一樣由膽固醇製造。人體皮膚照射到陽光中的紫外線，就會產生維生素D，所以曬太陽是很重要的事情喔。

紫外線
UV

膽固醇 ⟶ 7-去氫膽固醇 ⟶

HO   OH

維生素 D3

其他用到膽固醇的地方，還有小腸消化吸收脂肪所需的「膽汁酸酶」，用途又多又重要。

 哇啊！膽固醇竟然有這麼多重要地位！
挺意外的呢…

 是啊。像久美的爸爸這麼注重健康，想必會覺得膽固醇只會造成動脈硬化、肥胖，是很負面的物質。但是膽固醇其實對人體來說非常重要喔。

 唔～我快搞不懂了…為什麼對身體很重要的物質，會讓人覺得生病、不健康呢？
腦袋都快暈了─到底是怎麼回事啊？

 看來該是解開這個疑問的時候了…

差不多可以進入話題核心了。膽固醇真的是壞蛋嗎？

嘿嘿嘿

膽固醇

我好像聽過好膽固醇跟壞膽固醇…

但是不知道誰是好，誰是壞啊？

其實膽固醇並沒有分好或壞。

咦！真的嗎！？

膽固醇全都是膽固醇，

原本都一樣

但是因為運送方式不同，才被分成好膽固醇跟壞膽固醇。

咦一！好壞其實都一樣嗎！？

接下來就要仔細說明了。脂質原本不溶於水，所以無法單獨存在於血液之中。

必須跟很多其他分子一起構成「脂蛋白」的特殊形態，才能溶於血液中。

脂蛋白

血液

脂蛋白

101

什麼是動脈硬化？

 久美，妳想像一下，血液中的 LDL（壞膽固醇）濃度較高，HDL（好膽固醇）濃度較低，會發生什麼事？

 嗯～膽固醇會一直被送到末稍組織、動脈，然後囤積在血管壁上…

 就是這樣。膽固醇囤積在血管壁上，血管內變得狹窄，血液流動就不順暢。這就叫做動脈硬化。

正常血管　　　　膽固醇的沉澱　　　免疫細胞又來攪局，
　　　　　　　　　　　　　　　　　血管內越來越窄

這時血管會變得又厚又硬，如果惡化下去還會併發各種疾病，嚴重的時候還會喪命喔。

 這…這種事情就不用仔細解釋了…

 典型的動脈硬化稱為「粥狀（粥瘤性）動脈硬化」，以下是目前推測的發病過程。LDL 膽固醇會沉積在受損的血管內壁，而名叫「巨噬細胞」的吞噬細胞※會吃掉這些 LDL，變成充滿脂肪、又肥又腫的「泡沫細胞」，並且囤積起來。
※吞噬細胞＝見什麼吃什麼的細胞。平常是免疫系統的一員。
這麼一來，形成血管壁的平滑肌細胞會開始形成奇怪的形狀，結果大大改變血管壁的構造，使血管壁越來越厚，越來越硬。

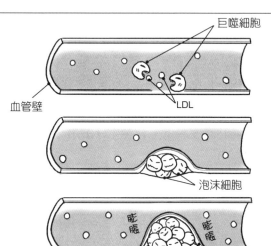

巨噬細胞

氧化後的 LDL
會被巨噬細胞吞噬，
形成泡沫細胞。

血管壁

LDL

泡沫細胞囤積之後，
平滑肌細胞就會異常
繁殖！血管壁也越來
越厚

泡沫細胞

膨脹　　膨脹

大量增生的平滑肌細胞

 因爲膽固醇，大家都會越來越多，變得這麼嚴重啊…，好可怕喔。但是爲什麼這要叫做粥狀動脈硬化呢？感覺稀飯跟膽固醇沒什麼關係啊…

 因爲血管裡面囤積著一大堆軟綿綿的膽固醇，就像稀飯一樣黏黏稠稠的…

 討厭－－－！

 動脈硬化還會引發下面這許多疾病喔。

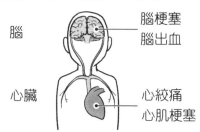

腦　　　　　　　腦梗塞
　　　　　　　　腦出血

心臟　　　　　　心絞痛
　　　　　　　　心肌梗塞

問題 1　膽固醇真的是壞蛋嗎？

◎ 膽固醇會形成「脂蛋白」的形式，並以血液搬運，其中包含好膽固醇（HDL）和壞膽固醇（LDL）。

◎ LDL 中的膽固醇會被運送到組織中，HDL 則會從組織中拿走膽固醇送回肝臟。兩者均衡相當重要。

◎ 膽固醇是製造激素的重要物質。但是過量攝取會造成動脈硬化，進而引發各種嚴重疾病。

我整理好了！

重點就是 HDL 和LDL的均衡。

膽固醇不能過多也不能過少，適量最健康。

HDL　LDL

老爸懂不懂這一點啊…新陳代謝症候群跟減肥，都需要正確知識的！

嗯嗯

不過，我喜歡吃一大堆美乃滋，好像不太健康喔…

擠～

大阪燒

適量享受比較好啦…

2 肥胖的生物化學～為什麼脂肪會囤積～

接下來是這一題！

2. 為什麼吃太多就會胖？

我超想知道這一題的─！

噹 噹

胖，也就是「肥胖」，指的就是脂肪囤積過多的狀態…

簡單來說就是身體累積脂肪的生物化學機制吧。

要從生物化學觀點來探討肥胖對吧。

嘿嘿嘿…

嗯…

● 攝取熱量與消耗熱量

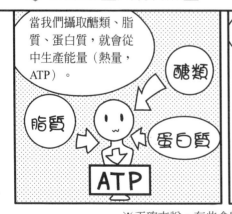

當我們攝取醣類、脂質、蛋白質，就會從中生產能量（熱量，ATP）。

醣類

脂質

蛋白質

ATP

一莫耳的 ATP 分子可以產生大約 7.3kcal 的能量。

ATP

而我們吃下的醣類、脂質、蛋白質總共能夠產生多少能量，就稱為攝取熱量。

※正確來說，有些食物吃了會直接被排泄，
所以要算攝取（吸收到體內）的醣類、脂質、蛋白質才對。

107

動物有維持脂肪的機制

 其實動物本來就有一種機制，維持身體具備一定的脂肪量。如果吃太多導致脂肪過度囤積，就會產生訊號傳遞至大腦，減少攝食量；反之要是脂肪太少，就會進入飢餓狀態，吃到體脂肪恢復原來水準為止。

 唔—這就是生物活在殘酷大自然之中所演化出的本能吧。要是太胖就會被吃掉，太瘦又怕會餓死…

 是啊。比方說知名的糖尿病治療藥物「**胰島素**」，這是一種蛋白質激素，功能是將血液中的醣（葡萄糖）搬運到肌肉或脂肪組織中，轉換為肝醣或脂肪加以儲存，結果便能降低血糖值了。

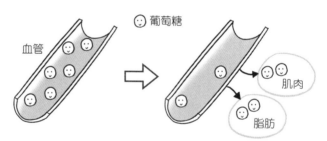

血糖值較高的狀態　　　　　　血糖值降低的狀態

 嗯嗯。血液中的含糖濃度就是血糖值，對吧。葡萄糖被搬到肌肉或脂肪之中，就會降低血液中的糖濃度了。

 除此之外，大腦「下視丘」部位的神經細胞膜有一種蛋白質，叫做「**胰島素受體酶**」。

※除了神經細胞之外，體內許多細胞的細胞膜也都有胰島素受體。

目前推測胰島素應該是透過下視丘，來控制動物的攝食行為與脂肪水準。

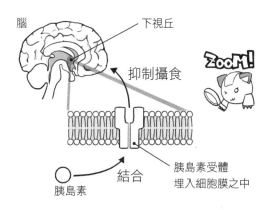

腦　　　　　下視丘

抑制攝食

ZOOM!

胰島素　　結合　　胰島素受體
　　　　　　　　　埋入細胞膜之中

 以人工方式破壞白老鼠的胰島素受體，老鼠就會變得極度肥胖。
可見胰島素與下視丘的胰島素受體結合，就可以透過神經系統抑制攝食行為了。

 咦！身體會命令叫大腦不要吃太多嗎？身體竟然有這種功能，我都不知道說！

 另一方面，只有脂肪組織才能分泌的特別蛋白質「**瘦身素**」，也和胰島素一樣，會透過下視丘的瘦身素受體通知大腦，脂肪組織累積了多少脂肪，而發揮抑制進食的功能。

 喔喔，所以胰島素和瘦身素都是克制食慾的重要蛋白質囉。

證據就是，瘦身素基因異常的白老鼠，也會肥到不行喔…

 討厭--！如果瘦身素沒有發揮功能，就會越來越胖，越來越胖…

 如果測量正常人和肥胖人血液中的瘦身素濃度，可以發現跟體脂肪量成正比。
放縱食欲，越吃越胖的人，雖然也會跟正常人一樣分泌瘦身素，但是正常人可以控制食欲，肥胖人卻不行—推測這是因為對瘦身素產生抗藥性的緣故。

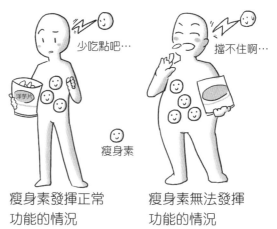

瘦身素發揮正常
功能的情況

瘦身素無法發揮
功能的情況

 好可怕喔…如果胰島素和瘦身素沒用了，不管怎麼吃，食慾都不會滿足嗎…？

 除此之外，還有很多物質會影響脂肪量與食慾的平衡喔。

多餘的醣類會變成脂肪！

所以肥胖，就是身體恆定性※嚴重失衡的結果。

是脂肪過度囤積的症狀。

嚴肅

簡單來說… 就是吃太多一定會囤積脂肪吧…

頭暈眼花

接著我們來了解一下，

哇

FAT!?

脂肪囤積的生物化學過程吧！

代表性的脂肪囤積機制有兩種。

脂質 醣類

那就是攝取脂質直接變成脂肪囤積的情況，

還有醣類變成脂肪的情況

脂質 醣類

嗚～

※恆定性（Homeostasis）就是身體與外界不斷交換物質，保持體內環境維持穩定的機制。

首先是攝取脂質直接變成脂肪囤積的情況。

脂質

前面有學過，通常我們攝取的脂質會以「脂蛋白」的形式環繞全身，接受各種代謝。

這是膽固醇章節看過的怪球！

但是如果攝取太多脂質…多餘的脂質就會變成「脂肪」，不斷囤積在肝臟和脂肪組織中喔。

不要－－－！

要學習脂肪囤積的機制，就不能不知道「脂蛋白分解酶」這種酵素的功能！

脂蛋白分解酶　酵素

脂肪酸 〰

丙三醇 〰

脂肪組織

VLDL脂蛋白　乳糜微粒脂蛋白

過量攝取的脂質

酵素非常重要，接下來還要仔細了解喔！

喔～～

在血液中運送的脂質、三酸甘油脂，會被這種酵素水解成為脂肪酸與丙三醇，然後再送到脂肪組織之中。

※水解就是酵素使用「水」來分解物質。詳情請參考第 172 頁。

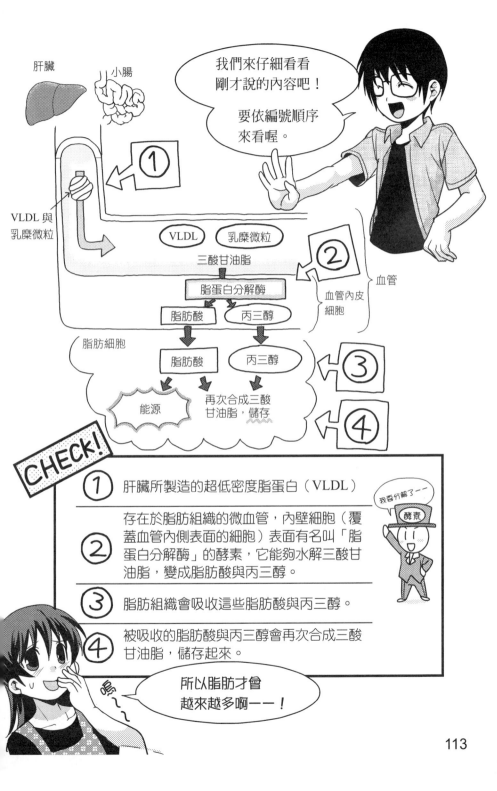

肝臟　　小腸

我們來仔細看看
剛才說的內容吧！

要依編號順序
來看喔。

①

VLDL 與
乳糜微粒

VLDL　　乳糜微粒

三酸甘油脂

②

血管

脂蛋白分解酶

血管內皮
細胞

脂肪酸　　丙三醇

脂肪細胞

脂肪酸　　丙三醇

③

能源

再次合成三酸
甘油脂，儲存

④

CHECK!

① 肝臟所製造的超低密度脂蛋白（VLDL）

② 存在於脂肪組織的微血管，內壁細胞（覆蓋血管內側表面的細胞）表面有名叫「脂蛋白分解酶」的酵素，它能夠水解三酸甘油脂，變成脂肪酸與丙三醇。

我可分解了——

酵素

③ 脂肪組織會吸收這些脂肪酸與丙三醇。

④ 被吸收的脂肪酸與丙三醇會再次合成三酸甘油脂，儲存起來。

所以脂肪才會
越來越多啊——！

嗚

我知道吃太多三酸甘油脂會囤積脂肪…

嗯——？

那只要完全不吃三酸甘油脂…

就是完全不吃脂肪，就不會胖了嗎？

這樣想就太單純了。因為妳喜歡吃的東西不只有脂質，還有很多醣類（碳水化合物）。

洋芋片

對喔！醣類也會變成脂肪說！

要是吃太多拉麵、義大利麵，還是吃太多砂糖，就會變胖喔。

所以想來想去，都不是因為吃太多脂質，反而是因為吃太多醣類才變胖吧。

所以要是攝取過多醣類，

脂質 〰〰〰

醣類 ○○○

我們的身體就會用脂肪組織和肝臟把醣類「轉換成脂肪」，然後儲存起來。

代謝

轉換

為脂肪

直接成為脂肪

脂肪

減肥報導有說，要注意碳水化合物和脂肪！就是這個意思啊…

多餘的醣類… 會變成脂肪！

Cute

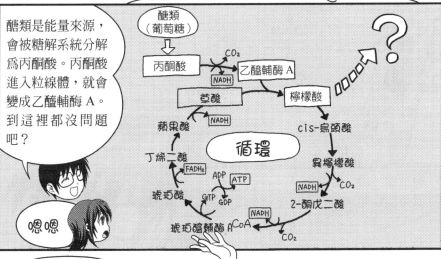

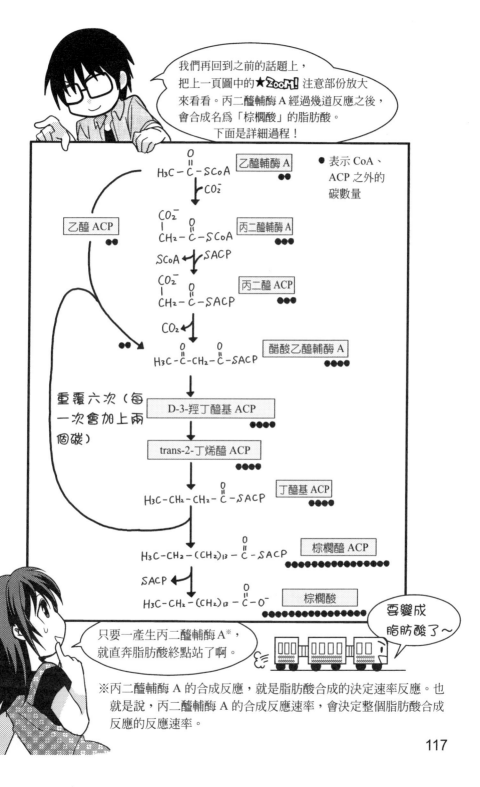

117

● 脂肪被當作能源使用的時候

 我已經知道脂肪形成的機制了…那已經形成的脂肪要怎麼消耗掉呢～？

 如果想擺脫肥胖，只能不斷消耗之前囤積的脂肪了。要怎麼消耗脂肪呢？這裡有一點一定要記住，那就是體內有醣類和脂質的時候，一定會優先使用醣類作為能源。

如果攝取含有大量醣類與脂質的食物，**進食之後血糖值就會升高，並優先使用醣類來生產能量**，脂質則送到脂肪組織儲存。

要等到當醣類用完，血糖值慢慢降低，才會開始用脂質當作能源喔。

 簡單來說，在肚子餓得咕嚕叫的時候，身體就會快速消耗脂質作為能源。

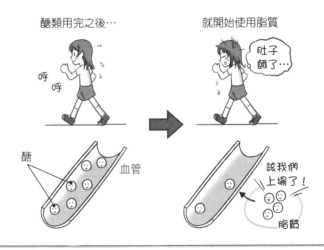

醣類用完之後…　　　　　　　就開始使用脂質

呼呼

肚子餓了…

醣　　血管

該我們上場了！

脂質

啊～！所以健走最好要持續一段時間對吧。

 這時候脂肪會進行怎樣的代謝呢？脂肪組織中的脂肪「**三酸甘油脂**」，會藉由脂肪組織中的水解酵素（激素感受性分解酶※），被分解為「**脂肪酸**」與「**丙三醇**」。

※「激素感受性分解酶」與第 112 頁出現的「脂蛋白分解酶」並不相同。

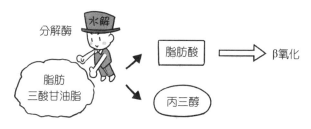

 這時脂肪酸會被釋放到血液中，運送到身體各器官與肌肉，然後進行「**β氧化**」的化學反應。

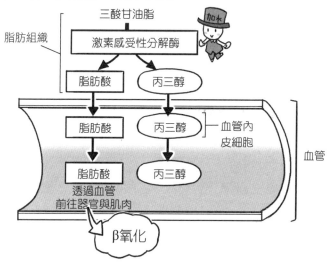

這個「β氧化」是什麼啊…？

 接下來才要仔細說明啊。先看下面這張圖。

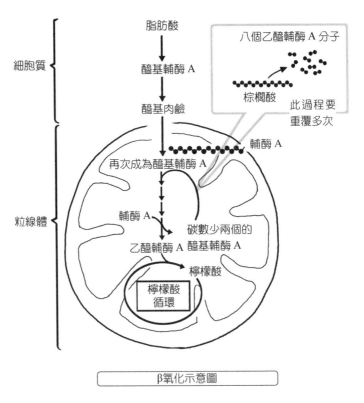

β氧化示意圖

 脂肪酸經過β氧化會變成「乙醯輔酶 A」。剛才也看過乙醯輔酶 A 吧（參考第 115 頁）。

 是檸檬酸循環第一階段出現的物質呢。

沒錯！被細胞吸收的脂肪酸，會在細胞質中轉換成「醯基肉鹼」，然後進入粒線體內，被分解為乙醯輔酶 A。

脂肪酸有十幾個碳，乙醯輔酶 A 只有兩個碳。

β氧化每次會從脂肪酸（正確來說，是圖中粒線體內所產生的醯基輔酶 A）中分離出一個乙醯輔酶 A 分子（一次分離兩個碳）。連接輔酶 A 之側邊的第二個碳屬於「β位」，所以此反應才稱為「β氧化」。

這個過程會不斷重覆，最後把脂肪酸中所有的碳都變成乙醯輔酶 A。舉個例子，下面是十六個碳的棕櫚酸，然後…

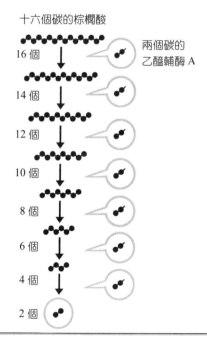

β氧化迴圈重覆七次，就會產生八個乙醯輔酶 A 分子啊！

 對！然後這些乙醯輔酶A就會進入檸檬酸循環，生產出ATP。

 所以減肥燃燒脂肪的時候，身體就是這樣代謝脂肪啊。

 剛才也說過，脂肪酸合成的過程中，丙二醯輔酶 A 會變成棕櫚酸對吧。
棕櫚酸被分解之後，透過 TCA 循環、電子傳遞系統，總共會產生 129 個 ATP 分子喔。

 什麼～！我記得一個葡萄糖分子可以產生 38 個 ATP 分子，129 個不就多到爆了！？

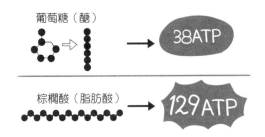

 是呀。所以脂肪酸是效率非常高的能量儲藏物質喔。

 嗚嗚嗚，反過來看，如果不用掉這麼多能量，脂肪就不會減少了…。
從化學觀點來看，減肥也一樣困難啊…。

為什麼吃太多會變胖？

◎ 當消耗熱量少於攝取熱量，身體就會把多餘熱量轉為「脂肪」加以儲存。

◎ 脂肪有兩個代表性的合成機制。第一，攝取脂質之後，三酸甘油脂直接囤積在體內。第二，醣類變成脂肪囤積在體內。

◎ 脂肪是高效率的能量儲藏物質。

我整理起來了…

脂肪酸是非常高效率的儲藏物質喔。

甚至可以說，脂肪機制是幫助生物存活的優秀機制呢！

脂肪

但是從減肥的觀點來看，要用掉一大堆脂肪存貨可真辛苦啊…

呼呼

哈哈

脂肪對怕餓死的野生動物來說很重要，但是對想要減肥的現代人來說…真是難以形容啊…（苦笑）

3　血型是什麼？

血型

 第三個問題，血型是什麼？
好像很有趣喔！

 先不談血型對個性的影響有
沒有科學根據，但血型確實
可以把人類分成幾種類形。
所以才有血型占卜、個性診
斷之類的說法。

 大家常說 A 型的人比較認真。
我是隨興的 B 型！老爸是大而化之的 O 型，
媽媽則是敏感的 AB 型喔。

 嗯嗯。O 型與 AB 型的夫妻不會生下 O 型或 AB 型的小孩，
只會生下 A 型或 B 型。所以久美就算有兄弟姊妹，也一定
是 A 型或 B 型喔。

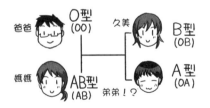

 如果我有個 A 型的弟弟，那全家人就把血型給湊齊了。…
但是感覺好奇妙喔，明明都是一家人，血型卻各不相同，
但是有時候個性完全不同的人，血型又一樣！到底血型是
什麼呢？嗯…

● 紅血球表面的醣分子會決定血型

 久美在課堂上有學過紅血球吧？

 嗯！紅血球是一種細胞，大量存在於血液中，讓血液呈現紅色。形狀應該是這樣…

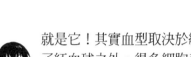

 就是它！其實血型取決於紅血球表面突出的「醣類」種類。除了紅血球之外，很多細胞表面都覆蓋著由醣類所形成的「**糖衣（Glycocalyx）**」。

 咦！？這裡也會提到醣類啊？那糖衣是什麼呢…？

剛剛有學過，細胞膜是以磷脂質爲主要成份的「脂質雙層膜」，記得嗎？細胞膜上到處埋著蛋白質，而外側表面通常附著有「**醣類**」分子；脂質雙層膜則是到處都有「**醣脂質**」，這些醣類分子聚集就形成「**糖衣**」了。

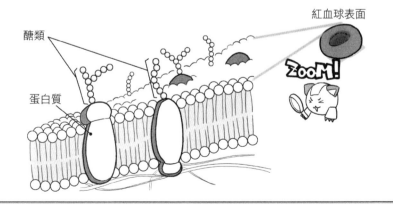

紅血球表面

醣類

蛋白質

ZOOM!

一大堆彈出來的醣類聚集在一起，就變成糖衣了。感覺好像毛毯或毛巾，都是一大堆毛聚集在一起，遠看就毛茸茸的。

]糖衣

紅血球

是呀。說到「血型」，詳細可以分成一百多種，其中最有名的是 1900 年奧裔美籍免疫學家卡爾‧蘭德斯坦納（Karl Landsteiner）發現的「**ABO 系統**」。

這種血型就是我們現在說的 A 型、B 型、AB 型、O 型對吧。

ABO 血型系統取決於紅血球表面的**三種醣類分子**，每種分子都是由數個單醣連接而成的「**醣鏈**」構造。

醣鏈

這些突出來的醣分成三種。

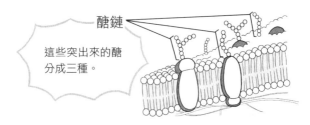

原來那些醣有分三種啊。

就血型來說沒錯！如果仔細研究這三種類的差別，就像以下這樣。妳看最左端，前端都不一樣吧？

A 型人的醣鏈前端是「GalNAc」

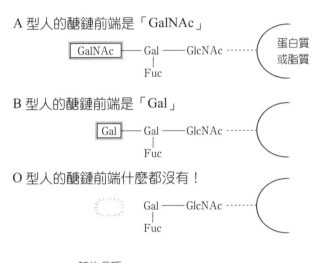

醣的名稱
GalNAc ：N-乙醯半乳糖胺
Gal ：半乳糖
Fuc ：岩藻醣
GlcNAc ：N-乙醯葡萄糖胺

 真的～。這三種就是 A、B、O 囉？

 沒錯！AB 型的人就是同時擁有 A 型、B 型兩種醣鏈。

 喔～原來血型是靠醣鏈來決定的…真神奇…

那為什麼有人是 A 型，有人是 B 型呢？
到底是「誰」來決定血型的呢…真是越來越神秘了！

不對啦，其實決定血型的只是某個「基因」，還有這個基因所製造的「酵素」！（詳情請參考第 169 頁。「血型基因」的真面目就是「醣轉移酶」）

酵素！在講脂肪架構的時候也有提到酵素喔。嗯嗯，看來酵素真的很重要啊。

之後再請黑坂老師會仔細講解酵素吧。

好！不過話又說回來，這些「醣鏈」的差別會影響個性嗎？會不會？會不會？我超想知道的～！

嗯…決定醣鏈與血型的基因，對神經細胞有沒有影響，甚至對「個性」有沒有影響，其實不在討論範圍內，目前也沒有相關的證據就是了。

是喔…那現在看到的血型占卜、個性診斷都沒有科學根據囉。真不知道該放心還是傷心…

問題 3　血型是什麼？

◎ 我們平常討論的四種血型，屬於「ABO血型」。

◎ ABO血型的分類依據，是紅血球表面「醣鏈」的差異性。

◎ 目前尚未發現「醣鏈」差異會影響個性的證據。…所以血型占卜和個性診斷並沒有科學根據。

我整理出來了！

但是血型占卜還是很有趣啊～
你看！

我看看，你是 A 型對吧。
這個月的運勢如何呢…

跟喜歡的異性之間將快速升溫！但是太過認真反而會失敗，本月的戀愛運將波濤洶湧！
緊張！
哈哈哈！反正沒有科學根據咩！

4 為什麼水果是甜的？

● 為什麼水果會甜？

 第四個問題，為什麼水果是甜的？我家剛好有水梨！嗯～熟水梨超好吃的！

 這水梨真的很好吃～。除了梨之外，橘子、葡萄等水果，哈密瓜、西瓜等蔬果（蔬菜類），都是越成熟越好吃。

 那當然囉。橘子綠綠的時候酸得要死，熟了之後就又軟又甜。之前根本拿來的哈密瓜，差不多可以吃了吧。那也是熟囉！

 是啊。但是「成熟」在生物化學中到底是怎樣的狀態呢？這裡我們針對「甜度」來探討一下吧。

為什麼成熟的水果才甜？
因為成熟的果實中含有大量的「蔗糖」、「果糖」、「葡萄糖」而這三種糖都很甜。

 喔喔～原來水果裡不是只有果糖，而有三種糖啊。

單醣、寡醣、多醣

 之前有稍微提過，砂糖（在化學上稱爲蔗糖）、葡萄糖、果糖的構造各不相同（詳情請參考第 63 頁）。

 嗯！糖也有很多種對吧。
我喜歡吃點心、吃水果，也喜歡吃飯，一定要弄清楚！

 現在終於要學習這些糖了。
醣類的基本單位稱爲「**單醣**」，由五、六個碳連結而成。
葡萄糖及果糖就是六個碳構成的單醣。若兩個以上的單醣連接起來，就稱爲「**寡醣**」。

蔗糖是兩個單醣連接而成的寡醣，也稱爲「**雙醣**」。下面是它們的構造。

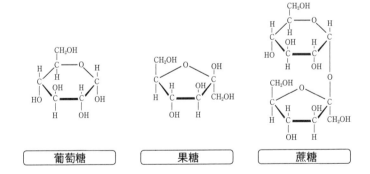

| 葡萄糖 | 果糖 | 蔗糖 |

 原來蔗糖就是一個葡萄糖加一個果糖啊。

另一方面，更多單醣連接起來，分子就會變得很長，或是有複雜的分支結構，這種醣類稱爲「多醣」。妳知道日常生活中代表性的多醣是什麼嗎？

啊！我以前也想過這個問題，米飯裡面也有醣對吧？米跟地瓜裡面的大量醣類，就是澱粉！

妳說的沒錯！澱粉就是大量單醣「葡萄糖」所連接而成的「多醣」。植物以光合作用生產出葡萄糖，大量連接成澱粉再儲存起來。

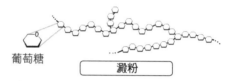

葡萄糖

澱粉

其實我們動物體內也有類似澱粉的「儲存物質」，叫作「肝醣」。當體內有多餘的葡萄糖，肝臟或肌肉細胞就會把它們連接成肝醣，以備不時之需。

在講解胰島素的時候也有提到肝醣。眞的有很多醣連在一起呢。

肝醣

其他的多醣還有「纖維素」「幾丁質」等等。纖維素是覆蓋植物細胞表面的細胞壁的主要成份，幾丁質是蝦子、螃蟹等甲殼類生物的甲殼主要成份。

水果產生甜味的機制

我們再回到水果的話題上。橘子、哈密瓜等蔬果，越熟就越甜越好吃。這是爲什麼？

嗯…我現在才想到，在市場買草莓或橘子的時候，偶爾會看到「甜度 11～12%」的標示。
是不是水果成熟了，醣類就會增加啊？從生物化學來看，醣類發生了什麼變化呢？

好！我們就從前面學到的「醣類」觀點，來考慮其中奧妙吧。
通常橘子所屬的「柑橘類」，在未成熟階段的葡萄糖、果糖、蔗糖含量都差不多…但是隨著熟度增加，其中的「蔗糖」就會越來越多。

各種醣
（mg/g 新鮮時重量）

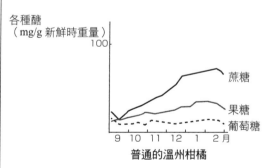

普通的溫州柑橘

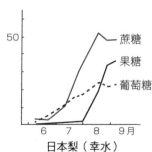

日本梨（幸水）

出處：伊藤三郎編著《水果的科學》 朝倉書店（1991）

這是因爲水果成熟時，果實中合成蔗糖的「蔗糖磷酸合成酶」會活化，而分解蔗糖的「轉化酶」則慢慢失去活性。

133

看得出來葡萄糖 ⬡ 跟果糖 ⬠ 會拼命結合成蔗糖 ⬡ 呢。

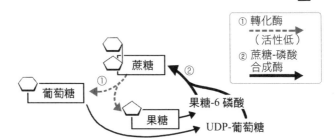

① 轉化酶
（活性低）

② 蔗糖-磷酸
合成酶

蔗糖

葡萄糖

果糖

果糖-6 磷酸

UDP-葡萄糖

 是說講到酵素，總覺得是強力洗衣粉之類的，原來酵素有這麼多功能啊。（第 4 章會詳細說明酵素）

 葡萄糖、果糖、蔗糖各有各的「甜度」，最甜的是果糖，接著是蔗糖、葡萄糖。

果糖	蔗糖	葡萄糖
2	1.4	1

假設葡萄糖的甜度為「1」，比較各種糖的甜度

 哇喔～！

 所以果糖和蔗糖越多，果實就越甜。以柑橘類來說，冬天果實成熟，蔗糖含量增加，才有了又甜又漂亮的果實。屬於薔薇科的梨子類又特別明顯，果實成熟之後，蔗糖量會快速增加。而哈密瓜的「甜度」幾乎都來自於蔗糖含量，甜度越強的品種，蔗糖含量越高。

 我在上一頁的圖表有看到，果實收穫期的果糖跟蔗糖會增加，變得很甜！原來這就是「成熟」啊～！

問題 4　　　為什麼水果會甜？

◎ 水果裡面含有三種帶甜味的糖：「蔗糖」「果糖」「葡萄糖」。

◎ 水果成熟的過程中，酵素會活化，改變三種糖的含量比例。

◎ 果糖和蔗糖比葡萄糖更甜。所以果糖和蔗糖增加，水果就會變甜！

我整理出來了！

因為有果糖跟蔗糖，水果才會又甜又好吃喔※。

果糖

蔗糖

喔～原來又甜又好吃的理由是這樣啊。

懂了這麼多之後，感覺會更好吃喔！

——呵呵呵…

不要吃壞肚子囉…

※水果內還有山梨醇、木糖、有機酸等物質，也會大大影響水果的甜味與酸味。

135

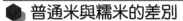

5　為什麼年糕有彈性？

● 普通米與糯米的差別

最後一個問題，為什麼年糕有彈性？這我也很想知道說，年糕超好吃的！

妳知道年糕怎麼做嗎？年糕的材料不是一般稻米，而是糯米喔。

我知道啊～！
因為我有槌過年糕！
但是為什麼糯米會比一般稻米更有彈性呢？

這是因為米粒中的澱粉構造不一樣。米的75%由澱粉所構成，所以澱粉會影響米的「物理性質」，例如硬度、彈性等等。

從下面這張圖可以看出來，普通的稻米含有「**澱粉醣**」和「**支鏈澱粉**」兩種不同的澱粉。澱粉醣的比例是17%～22%左右，剩下的都是支鏈澱粉。

	17～22%		100%	米中含有的澱粉
稻米				為100%
糯米				■ 澱粉醣
				□ 支鏈澱粉

但是糯米的澱粉中完全沒有澱粉醣，只有支鏈澱粉。

對耶～用圖表一看真的就知道差在哪裡了。

 澱粉醣與支鏈澱粉，其實兩者的成份都是「葡萄糖」。也就是葡萄糖連接而成的「多醣」。

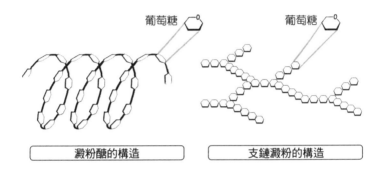

| 澱粉醣的構造 | 支鏈澱粉的構造 |

 意思就是材料都一樣囉。

 要說有什麼不一樣的話，就是葡萄糖怎麼連接成多醣的「連接方式」不一樣吧！

接著我們來研究一下，單醣形成多醣或寡醣的「連接方式之謎」。

 喔喔！原來彈性的秘密就藏在連接方式裡面啊！

澱粉醣與支鏈澱粉的差別

 雖然這兩種物質的成份都是葡萄糖，但是連接方法不同。簡單來說，澱粉醣是「**直挺挺**」，支鏈澱粉是「**多分岔**」。

 啊？直挺挺？多分岔？嗯…很難想像呢…

 澱粉醣的葡萄糖連接方式是「**α（1→4）醣苷鍵**」，這是一種橫向、而且又直又長的連結方式。

α（1→4）醣苷鍵

澱粉醣

 喔喔，真的是橫向又一直線呢。

 但是支鏈澱粉除了α（1→4）醣苷鍵之外，還四處散佈著「**α（1→6）醣苷鍵**」，這是葡萄糖之間的部份連結。

CH₂OH　CH₂OH　CH₂OH

O　O　O

O　O

CH₂OH　CH₂OH　CH₂OH

α（1→6）醣苷鍵

CH₂OH　CH₂OH　CH₂OH　CH₂OH　CH₂OH

O　O　O　O　O

O　O　O　O　O---

支鏈澱粉

喔喔！？這裡有縱向連接呢！如果是這樣連接，就眞的有分岔沒錯。比直挺挺複雜多了。

一旦有了α（1→6）醣苷鍵，那部份的葡萄糖鏈就會出現分支。所以支鏈澱粉有著樹枝般的分岔形狀。

嗯嗯，這樣我就知道澱粉醣跟支鏈澱粉的構造差在哪裡了。

因爲支鏈澱粉有這種分支構造，所以遠遠看來會像一條線束。可以說，支鏈澱粉就是線束狀的多醣。

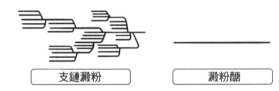

支鏈澱粉　　　　　　　　　　澱粉醣

由於支鏈澱粉有這樣的特性，完全以支鏈澱粉構成的糯米，經過調理便會發揮強大黏性，也就是彈性的口感。

直挺挺澱粉跟線束狀澱粉比起來，線束澱粉比較有彈性跟黏性，口感十足。
所以年糕才那麼有彈性對吧。

順便一提，稻米也會因爲澱粉醣的含量而影響黏性喔。

● α（1→4）、α（1→6）之中的數字有什麼涵義？

 剛好有這個機會，順便來學一下 **α（1→4）**、**α（1→6）** 之中的數字有什麼涵義吧。

 就是前面**α（1→4）醣苷鍵**、**α（1→6）醣苷鍵**裡面的數字對吧。我還真不知道有什麼意思說…

 我問一下，妳喜歡棒球嗎？

 咦？老爸是挺喜歡的，還常常看棒球轉播，但是…

 那妳一定知道棒球有壘包，每個壘包有一壘、二壘、三壘的編號。這樣會比較好講解。

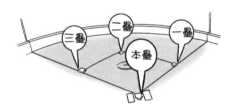

如果沒有編號，球評就要把三壘說成「在投手最左邊的壘包」…這樣很難懂吧。要是打了三壘安打，還會變成「在投手最左邊的壘包安打」…多麻煩啊？

 嗯。這樣實況轉播一定很辛苦…

 我們已經知道，葡萄糖和果糖都有六個碳。其實每個碳也都跟壘包一樣有編號喔！所以解釋起來就方便多了。

先注意下面這張圖的碳。這是葡萄糖的環狀結構，每個碳都依序標上了 **1** 到 **6** 的編號。

 啊！我知道了——！
α（1→4）醣苷鍵、α（1→6）醣苷鍵的數字，就是代表這些碳的編號對吧！

 說對了！也就是說，α（1→4）醣苷鍵是某個葡萄糖的第一個碳（位置 1 的碳），跟另一個葡萄糖的第四個碳（位置 4 的碳）形成「**醣苷鍵**」的意思。

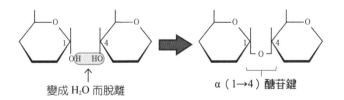

變成 H₂O 而脫離

α（1→4）醣苷鍵

 嗯嗯！那α（1→6）醣苷鍵就是某個葡萄糖的第一個碳，連接下一個葡萄糖的第六個碳囉？

 是呀。不過實際上第一個碳跟第六個碳連接，就不會是一直線了。

一旦連接，一定會像下面這張圖一樣偏移，變成縱向連接，而不是橫向直線了。

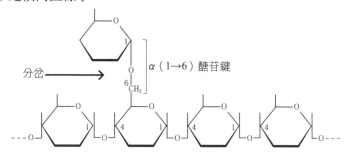

分岔 ⟶ α（1→6）醣苷鍵

啊—所以這部份才會造成「多分岔」對吧。不過就是有它才會彈性十足～！

話說回來，同樣是葡萄糖，其實還有一種β（1→4）糖苷鍵喔。

嗯嗯？貝塔？這又是怎麼連結的？

如果葡萄糖之間形成β（1→4）糖苷鍵，就不再是澱粉，而會形成名叫「**纖維素**」的多醣喔。
纖維素是構成植物細胞壁的主要成份，也是知名的食物纖維代表。

這我知道～減肥雜誌裡面有看過。食物纖維可以幫助排便！因為不好消化，所以會直接排出來，嘿嘿。

對。但是食物纖維也有容易溶於水的半纖維素、果膠等等，它們就可以被消化了。

是喔～！那它們也可以變成熱量來源囉？

就是這樣！不是所有食物纖維都難以消化的。再回來討論纖維素吧。我們口中的唾液含有一種酵素，叫作α-澱粉酶，它能夠分解澱粉。

但是α-澱粉酶卻無法分解纖維素。

為什麼呢？

我們來看下一張圖的**β（1→4）糖苷鍵**吧。

β（1→4）糖苷鍵

咦？連接的部份不一樣呢。形狀像個 N 字…

這種鍵結跟α（1→4）醣苷鍵的差別，就是左邊葡萄糖第一個碳連接的**氫（H）**與**羥基（OH）**位置上下相反，鍵結起來有些勉強，看得出來吧？

嗯嗯。雖然對β先生不太禮貌，但是它的性格真扭曲啊。

第一個碳

α型　　　　　　　β型

α、β這兩個希臘字母有它們的涵義。當第一個碳連接的羥基 OH 如上圖所示一般位於下方，就稱為「**α型**」；反之，位於上方則稱為「**β型**」。

其實就只是這麼一點構造差異，能夠分解α（1→4）醣苷鍵的α-澱粉酶，就無法分解β（1→4）糖苷鍵了！

纖維素

可以分解！

澱粉

 真的嗎－－－！原來那麼扭曲的連接方式會有這麼大的影響啊。

 所以由β（1→4）糖苷鍵連接而成的纖維素，無法被人體消化器官消化，才能夠發揮「食物纖維」的功能喔。

對了，說到這個，剛才有討論過水果的問題，提到寡醣跟蔗糖。前面說過，蔗糖是一個葡萄糖和一個果糖連接而成的醣。葡萄糖的第一個碳連接果糖的第二個碳。

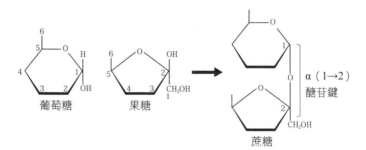
葡萄糖　　　果糖　　　　　　　　蔗糖

α（1→2）
醣苷鍵

 原來如此…！所以蔗糖就是α（1→2）醣苷鍵囉。

 沒錯！只要知道單醣的連接方式，就知道它的性質了。

問題 5　為什麼年糕有彈性？

◎ 年糕彈力十足的秘密，就在於糯米的澱粉構造。

◎ 糯米的澱粉中不含澱粉醣，只有支鏈澱粉。

◎ 支鏈澱粉以α（1→6）醣苷鍵連接，呈現分岔構造，是線束狀的多醣。有這種線束構造才能產生彈性。

我整理起來了！

除了年糕之外，我們也知道纖維素跟蔗糖的連接方式了。

嗯。我也知道α（1→4）跟α（1→6）的意思了。

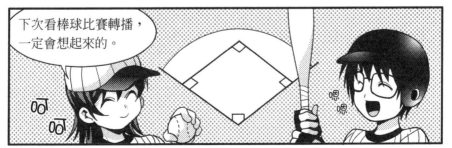

下次看棒球比賽轉播，一定會想起來的。

145

…覺就很可靠說！

紅
臉

沒、沒有啦,
太客氣了～

咚

認真
生物化學
秘

紅一一

好一馬上來整理
一下報告吧!

坂研究室

如果都讓我來教,
對他們也不太好。
而且…

那兩個人現在處
得怎麼樣了呢？

現在是

這樣嗎？

微笑

147

第4章

酵素是化學反應的關鍵

第一堂課有提到細胞裡會發生哪些事情，其中一項就是「合成蛋白質」，還記得嗎？

① 合成蛋白質
② 代謝物質
③ 生產能量
④ 光合作用

記得——！

蛋白質對細胞生存來說有很重要的地位喔。

蛋白質在我們體內有哪些重要功能呢？

寫寫

這裡先整理出主要的內容吧。

蛋白質的任務

① 形成肌肉的主要成份。
② 維持細胞形狀，調節細胞運動。
③ 形成細胞與細胞之間的構造，支撐細胞。例如膠質。
④ 在細胞內外交換資訊。
⑤ 推動各種化學反應。
⑥ 保護身體抵抗外來威脅。
⑦ 運輸其他物質。
⑧ 儲存胺基酸（蛋白質的材料）。

我們的身體（細胞）是許多化學反應的進行場所！

這些只是「主要任務」喔！其他還有很多任務要做呢。

目前認為人體內的蛋白質至少有數萬種，最多有十到二十萬種。

哇啊～

咦～！！有這麼多喔！？

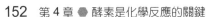

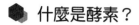

什麼是酵素？

讓我們來看第五項！在多種蛋白質之中，「推動各種化學反應」的蛋白質種類尤其豐富。

⑤ 推動各種化學反應

可以說，蛋白質最重要的功能就是推動化學反應了。

就拿喝酒的化學反應來說吧。

酒精

○○○
↓ 代謝
△△△
↓ 代謝
□□□

肝臟

某種蛋白質

嘿咻

○○○
酒精

化學反應

△△△
乙醛

其他蛋白質

前進吧　前進吧

化學反應

□□□
醋酸

酵素會推動化學反應！

酵素…！好像在哪聽過，洗衣粉是不是有酵素可以增加效果啊？

記得嗎？脂肪囤積的章節有說過啊。（參考第112頁）

能夠推動化學反應的蛋白質就稱為「酵素」，

或是「酵素蛋白質」！

對呀。不過酵素的功能可不只如此喔…

153

生物化學

「生物化學」的用意是要了解構成生物體的各種化學反應，其中最重要的部分，就是學習酵素的功能！

酵素　酵素　酵素　酵素　酵素

但是一開始就講酵素，一定會學到撐死。所以先來學「蛋白質的構造」吧！

噗呼

好

好

⬡ 蛋白質由胺基酸所構成

根本應該知道蛋白質的英文怎麼拼吧？

嗯。是 Protein。

這個字源自於希臘文的「proteios」，意思是「第一順位」「第一人稱」。

可見蛋白質有多麼重要了。

答對囉，根本同學。

你真了不起啊…！

臉紅

喔喔！

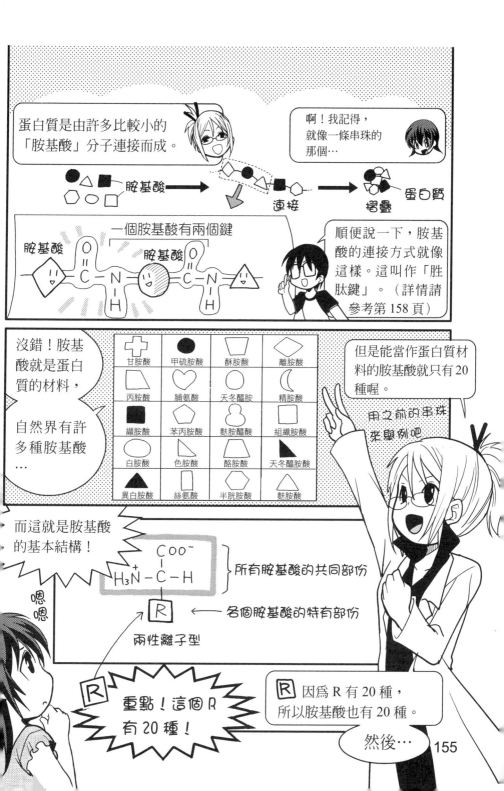

蛋白質是由許多比較小的「胺基酸」分子連接而成。

啊！我記得，就像一條串珠的那個…

胺基酸 → 連接 → 摺疊 → 蛋白質

一個胺基酸有兩個鍵

胺基酸

順便說一下，胺基酸的連接方式就像這樣。這叫作「胜肽鍵」。（詳情請參考第 158 頁）

沒錯！胺基酸就是蛋白質的材料，自然界有許多種胺基酸…

甘胺酸	甲硫胺酸	酥胺酸	離胺酸
丙胺酸	脯氨酸	天冬醯胺	精胺酸
纈胺酸	苯丙胺酸	麩胺醯胺	組織胺酸
白胺酸	色胺酸	酪胺酸	天冬醯胺酸
異白胺酸	絲氨酸	半胱胺酸	麩胺酸

但是能當作蛋白質材料的胺基酸就只有 20 種喔。

用之前的串珠來舉例吧

而這就是胺基酸的基本結構！

$$COO^-$$
$$H_3\overset{+}{N}-C-H$$
$$R$$

所有胺基酸的共同部份

各個胺基酸的特有部份

兩性離子型

嗯嗯

重點！這個 R 有 20 種！

R 因為 R 有 20 種，所以胺基酸也有 20 種。

然後…

155

胺基酸　☐ 這是所有胺基酸的共同部份

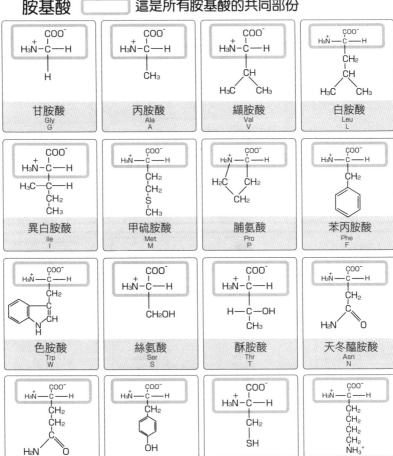

甘胺酸 Gly G	丙胺酸 Ala A	纈胺酸 Val V	白胺酸 Leu L
異白胺酸 Ile I	甲硫胺酸 Met M	脯氨酸 Pro P	苯丙胺酸 Phe F
色胺酸 Trp W	絲氨酸 Ser S	酥胺酸 Thr T	天冬醯胺酸 Asn N
麩胺醯酸 Gln Q	酪胺酸 Tyr Y	半胱胺酸 Cys C	離胺酸 Lys K

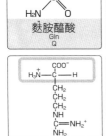

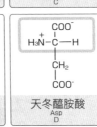

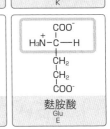

精胺酸 Arg R	組織胺酸 His H	天冬醯胺酸 Asp D	麩胺酸 Glu E

這就是 20 種
胺基酸的
結構式了！

久美振作點啊！
一開始只要看過
就好了，沒事！

暈倒

這 20 種胺基酸用不同
的順序與數量連接，
就會形成不同的
蛋白質。

呼呼

但是這跟串珠
不太一樣。

光是把胺基酸連成一長
串，也沒辦法形成有用
的蛋白質喔。

咦──？

嗯…要是有 20 種
串珠，確實可以
編出各種項鍊啦…

頭暈

頭暈

為了讓蛋白質發揮
它的功能，

還必須折疊成適當
的形狀…而且折疊
也有一定的順序。

接下來就仔細解釋給妳
聽吧。

● 蛋白質的一級構造

　　首先，當每個胺基酸各用一個「胜肽鍵」連接成長條狀，就成爲胺基酸鏈。記得嗎？第 1 章的第 28 頁有提到，胺基酸之間會產生物化學反應，連接成蛋白質。這種形成胜肽鍵的化學反應就稱爲「胜肽轉移反應」。

　　第 5 章會提到，這個反應發生在細胞質中無數的蛋白質合成裝置「核醣體」之中。結果就形成以下的鍵結。

　　這樣形成的胺基酸長鏈，是胺基酸以胜肽鍵連結而成的，所以被稱爲「**胜肽鏈**」。而此狀態稱爲蛋白質的**一級構造**。

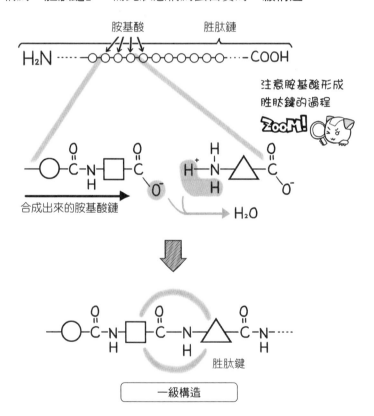

蛋白質的二級構造

在 20 種胺基酸之中，每種胺基酸都有自己的特徵部份，稱爲側鏈（第 155 頁的R部份）。側鏈與側鏈之間會產生氫鍵、疏水鍵、靜電作用力等各種力量。所以當胺基酸連接成長長的一級構造時，一級構造（胜肽鏈）中的一部份就有機會因爲側鏈之間的相互作用，而形成某種特別的立體構造。

這就是蛋白質的**二級構造**。

目前已知胜肽鏈的一部份，因爲胺基酸側鏈之間的相互作用，會形成所謂「α-螺旋結構」的二級構造；或是胜肽鏈堆積摺疊了好幾層，而形成平面的「β-摺板結構」二級構造。

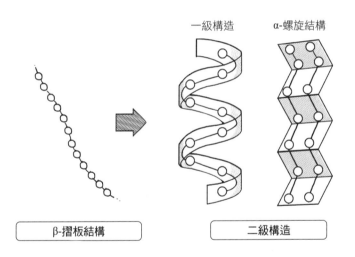

一級構造　　　α-螺旋結構

β-摺板結構　　　　二級構造

但是形成二級結構，仍不足以讓胜肽鏈發揮「蛋白質」的功能。

要讓胜肽鏈發揮蛋白質的功能，必須使一群二級構造的胜鏈全都因為胺基酸側鏈的相互作用，而形成一定的形狀。這些胜肽鏈群所形成的最終形狀（立體構造），就稱為蛋白質的**三級構造**。

比方說下圖所示的肌紅素，就是存在於動物肌肉中的一種蛋白質，由八個α-螺旋結構所構成。

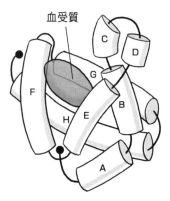

肌紅素由A～H等八個α-螺旋結構所構成（●—此為末端）。

三級構造

大多數蛋白質在三級構造的階段中就已經可以發揮蛋白質或酵素的功能。

但是有一部份蛋白質,是由三級構造的複數胜肽鏈再集合成聚合體,發揮只有這樣組合才有的功能。

比方說存在於我們血液中的紅血球,有許多與鐵質結合的蛋白質「血紅素」,它能夠搬運氧氣。而血紅素就如下圖所示,由四個名為血紅蛋白的胜肽鏈(兩種(α、β)各兩個(α_1、α_2、β_1、β_2))聚集而成。我們細胞中有一種製做 RNA 的物質「RNA 聚合酶 II」,則是由 12 個胜肽鏈聚集而成。

這種狀態稱為**四級構造**,而形成四級構造的胜肽鏈,分別獨立稱為「**次單元**」。

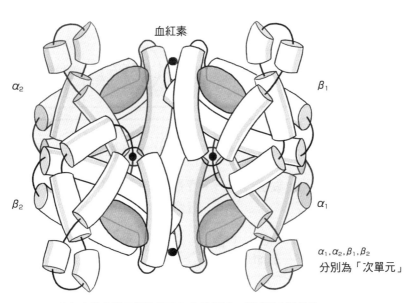

血紅素

α_2　　β_1

β_2　　α_1

$\alpha_1, \alpha_2, \beta_1, \beta_2$
分別為「次單元」

血紅素的次單元構造與肌紅素很相近,所以圖中描繪的血紅素與第 160 頁的肌紅素構造相同,但實際上兩者有些許差異。

四級構造

2 酵素的功能

接下來終於要講到酵素囉！酵素是化學反應的關鍵！打起精神好好學吧！

喔喔！

首先呢，每種酵素都有相對應的作用物質。

↑
作用對象

比方說在胃裡面分解蛋白質的消化酵素「胃蛋白酶」…

蛋白質

就只會分解蛋白質，絕對不會分解 DNA。

唾液中含有的消化酵素「α-澱粉酶」，

澱粉

脂肪

雖然能夠分解澱粉，卻不能分解脂肪。

酵素　受質　　酵素受質複合體　　產物

酵素　其他物質　無法形成複合體　不會起反應

酵素所反應的特定物質稱為「受質」，而酵素會決定受質，稱為「受質專一性」。

163

精確酵素？散漫酵素？

 酵素之中包含受質指定非常嚴格的「精確酵素」，以及受質特異性廣泛，沒有特別嚴格指定受質的「散漫酵素」。

 精確酵素跟散漫酵素啊－－！但這是什麼意思呢…？

 有些酵素只要碰到類別相似的東西，都可以當作受質，例如體內用來消化蛋白質的蛋白質分解酵素就有很多是這個樣子。

 為什麼呢？因為蛋白質是由 20 種胺基酸，依照各種順序組合而成。如果酵素很挑剔的說「我只分解甘胺酸部份！」「我只分解丙胺酸跟組胺酸之間的部份，其它我才不管哩～」那麼分解蛋白質就需要非常多的酵素，會很傷腦筋的。

 因為蛋白質的構造太複雜，所以對付蛋白質的酵素就要很有彈性，是吧。

 就是這樣！所以蛋白質分解酵素通常具有一定的受質接受範圍。

比方說人體胰臟所分泌的蛋白質分解酵素，就有一種「羧基端胜肽酶」，它會從蛋白質末端依序拆開胺基酸。

羧基端胜肽酶分成 A、B、C 等種類，其中羧基端胜肽酶 A，只要蛋白質中C末端的胺基酸不是精胺酸、離胺酸、脯氨酸，那麼無論碰到什麼胺基酸都能依序拆解。（但是前一個碰到脯氨酸就沒辦法了）

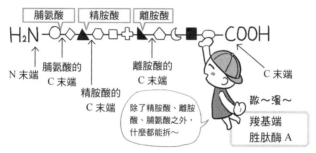

構成蛋白質的胺基酸有二十種對吧。就算沒辦法應付精胺酸、離胺酸、脯氨酸，也還可以應付其他十七種啊！

是呀。這就是大範圍的受質接受度。

不過蛋白質分解酵素中也有「精確酵素」，例如「胰蛋白酶」就只會切斷精胺酸或離胺酸的 C 末端部份喔。

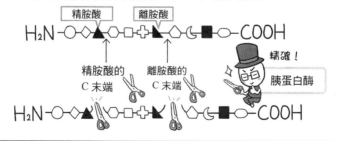

● 酵素分類

實際上人體內有各式各樣的酵素，不過可以根據特徵分成幾個類別。

就像美食也可以照特色分成很多類別對吧。

日本料理？

西洋料理？

酵素

酵素

酵素

酵素

酵素是用酵素觸媒反應的種類來區分。

可以分成六大類喔。

每種酵素都有自己的「EC 編號（Enzyme Commission Number）」，標示方法是「EC a, b, c, d」（a, b, c, d 為數字）。

a 表示六大種類，數字從 1 到 6。b 與 c 分別表示該種類中的反應型式。d 表示各酵素特有的號碼。

填入編號

EC a.b.c.d

順便告訴妳 EC 編號是全球通用的喔。

分成 1～6 大類

詳細反應型式

特有編號

喔喔，原來如此。

※新發現的酵素，會根據國際生物化學分子生物學協會（IUBMB）的酵素委員會所制定的規則，賦予 EC 編號、系統名稱、推薦名稱。

167

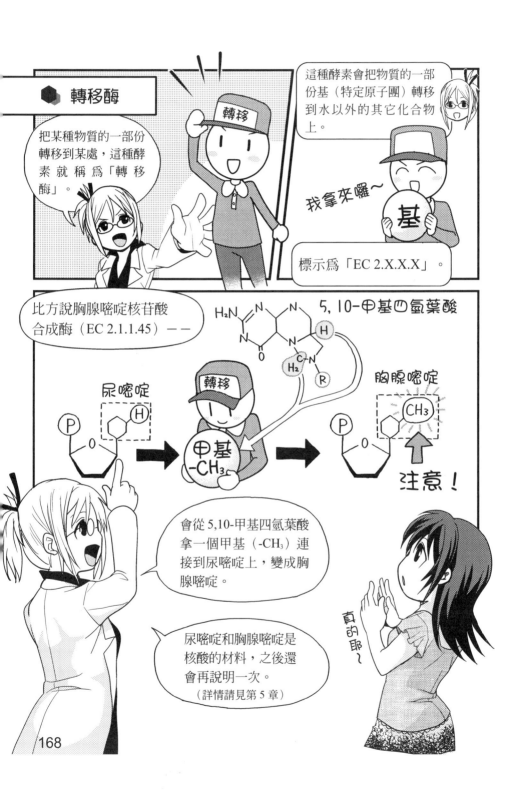

轉移酶

把某種物質的一部份轉移到某處，這種酵素就稱爲「轉移酶」。

這種酵素會把物質的一部份基（特定原子團）轉移到水以外的其它化合物上。

我拿來囉～

基

標示爲「EC 2.X.X.X」。

比方說胸腺嘧啶核苷酸合成酶（EC 2.1.1.45）－－

5,10-甲基四氫葉酸

尿嘧啶

轉移

甲基 -CH₃

胸腺嘧啶 CH₃

注意！

會從5,10-甲基四氫葉酸拿一個甲基（-CH₃）連接到尿嘧啶上，變成胸腺嘧啶。

尿嘧啶和胸腺嘧啶是核酸的材料，之後還會再說明一次。
（詳情請見第5章）

真的耶～

● 「血型基因」的真面目就是「醣轉移酶」

在這之前，我們有討論過血型之謎，還記得嗎？那時我們說過是「誰」決定了血型，答案就是「酵素」。

我記得啊——。ABO 血型是根據紅血球表面的「醣鏈」不同來分類的。醣鏈就是單醣連接成的，對吧！

而差別就在於醣鏈最前端的單醣是什麼。

我記得 A 型的前端是 N-乙醯半乳糖胺（GalNAc），B 型的前端是乳糖（Gal），O 型則是什麼都沒有！我有寫報告，所以都記得喔。哼哼。

沒錯。醣鏈前端連接哪種單醣，或是沒有連接單醣，則是由「基因」來決定的。

基因就是「蛋白質的藍圖」。而說到蛋白質又想到酵素。所以決定血型的物質，是在紅血球表面連接單醣的「**醣轉移酶**」，還有製做它的基因！

醣轉移酶…？就是把醣拿來連接的酵素嗎？

沒錯！我們再看一次各種血型的醣鏈構造吧。

A 型人的醣鏈前端是 GalNAc

$$\boxed{\text{GalNAc}} \text{—— Gal —— GlcNAc} \cdots\cdots \Big) \text{蛋白質或脂質}$$
$$\mid$$
$$\text{Fuc}$$

B 型人的醣鏈前端是 Gal

$$\boxed{\text{Gal}} \text{—— Gal —— GlcNAc} \cdots\cdots \Big)$$
$$\mid$$
$$\text{Fuc}$$

O 型人的醣鏈前端什麼都沒有

$$\text{Gal —— GlcNAc} \cdots\cdots \Big)$$
$$\mid$$
$$\text{Fuc}$$

┌─ 醣的名稱 ─────────────────
│ GalNAc ：N-乙醯半乳糖胺
│ Gal   ：半乳糖
│ Fuc   ：岩藻醣
│ GlcNAc ：N-乙醯葡萄糖胺
└────────────────────────────

 再複習一次吧。三種醣鏈的差別僅在於**最末端的單醣**。
A 型的前端是「N-乙醯半乳糖胺」（雖然沒有 ose 字尾，但也是單醣的一種）
B 型的前端是「乳糖」
O 型的前端則是什麼都沒有

 嗯嗯。

 其實 **O** 型人的醣鏈才是「原型」。如果基因決定轉移酶會在原型上連接「N-乙醯半乳糖胺」，這個人就是 **A** 型！
如果基因決定轉移酶會在原型上連接「乳糖」，這個人就是 B型！

轉移酶　A 型

轉移酶　B 型

轉移酶　O 型

 咦——！是這樣喔。連接不一樣的醣，醣鏈也不一樣…。所以轉移酶也會影響血型呢！

 O 型人也有對應這些醣轉移酶的基因，但是他們的基因所製作的蛋白質沒有酵素活性，所以無法把醣連接於醣鏈末端。或許是演化過程中發生基因突變，才失去活性吧。

 哇～感覺好神奇喔。

 所以 ABO 血型只是醣轉移酶基因不同所造成的現象。

 所以血型占卜和個性診斷其實沒有科學根據，對吧！但是令人意外的是，你卻很吃這一套？

 緊張！

水解酵素

「水解酵素」的功能就像名稱所說，是用「水」來分解受質的酵素。標示為「EC 3.X.X.X」

要怎麼用水呢…？水分子是「H_2O」，

H OH

水解酵素會把水分子分解成「H」和「OH」…

然後把這兩者交給受質，把受質分成兩個零件！

水解 請分開吧

H OH

兩個人靠自己分不開，所以要人幫忙才能分開啊～

妳可以想像水解酵素兩手各拿著「H」和「OH」，讓雙方分離各握一邊[※]。

能量共同貨幣 ATP 的分解也是水解喔。

分解澱粉的α-澱粉酶，分解蛋白質的胃蛋白酶，

蛋白質 澱粉

這都是水解酵素的同類。

接著我們來看看α-澱粉酶（EC 3.2.1.1）的功能吧！

唾液中的α-澱粉酶就像這樣分解米飯之類的澱粉喔。

※當然，水解酵素並沒有手。只是方便想像而已。

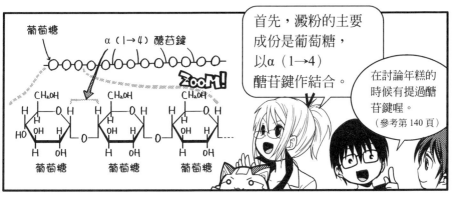

葡萄糖

α（1→4）醣苷鍵

ZOOM!

CH₂OH　CH₂OH　CH₂OH

葡萄糖　葡萄糖　葡萄糖

首先，澱粉的主要
成份是葡萄糖，
以α（1→4）
醣苷鍵作結合。

在討論年糕的
時候有提過醣
苷鍵喔。

（參考第 140 頁）

α-澱粉酶會把澱粉拆得七零八落，
只要看到α（1→4）醣苷鍵就亂切一通。
切斷的方法就是水解！

α（1→4）醣苷鍵

澱粉

α-澱粉酶

澱粉被切成
各種長度的醣了！

把α（1→4）
醣苷鍵亂切一通

這就是
水解

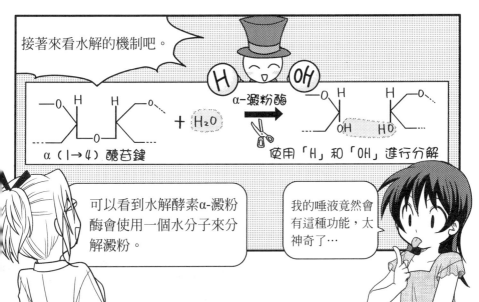

接著來看水解的機制吧。

H　OH

α（1→4）醣苷鍵

α-澱粉酶

$+ H_2O$

使用「H」和「OH」進行分解

可以看到水解酵素α-澱粉
酶會使用一個水分子來分
解澱粉。

我的唾液竟然會
有這種功能，太
神奇了…

3 用圖表理解酵素的功能

那接下來就是一些計算跟圖表了。

有人學到這裡放棄生物化學

不要～！
我最討厭計算跟圖表了！
別逼我～～

馬上就投降了…

沒錯，確實有很多人討厭計算跟製圖。

但是以實驗測量數據，再畫成圖表，其實相當重要喔。

測量酵素反應，將數值畫成圖表，才能了解酵素反應機制，展開新的研究。

比方說殺死癌細胞的研究，跟我們的疾病與健康就息息相關。

那是很重要沒錯啦…但是我一樣討厭啊…

可是我覺得計算跟製圖對減肥有幫助說…

小聲

好！
我就拼拼看吧！

就是這股氣勢！

為什麼酵素對化學反應很重要

促進化學反應速率的物質稱爲「**觸媒**」。代表性的觸媒就是酵素，所以也稱爲「生命體觸媒」。

爲了讓化學反應「更有效率、更快完成」，一定要有觸媒。但化學反應本身則不一定要有觸媒才能進行。

其實化學反應往往需要極爲漫長的時間，或是要改變環境才能順利進行（但複雜的化學反應則否）。但是生物體內無法達成這麼困難的條件。

爲什麼酵素對化學反應很重要？因爲生物的壽命並不長，所以生物體內的化學反應必須更快完成，或是考慮整個生命體的情況來進行，否則就麻煩了。

接下來要討論酵素影響化學反應的本質，使用圖表與數學式，以最簡單明瞭的表現方法，來學習酵素對化學反應有何種意義。

如果沒有酵素…

生命就不會出現…

因為有了酵素

生命才能維持！

● 什麼是活化能？

化學反應需要一定的能量才能順利進行！
這些能量就稱為「活化能」。

　　而某項化學反應的進行過程，
　　可以畫成下面這樣的圖表。

A：反應物
B：產物

活化能

能量值

A

B

反應進行

某種化學物質（反應物A）經過化學反應變化而成為產物B。

反應順利進行，A 才會變成B，所以需要加入像活化能這麼多的能量對吧。

反應物質（受質 A）與產物 B 是不同物質，含有的能量也不同。

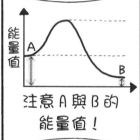

能量值

A

B

注意A與B的
能量值！

活化能本身並不會影響A與B的能量值。

簡單來說，就像某種化學物質（反應物）要爬過一道高牆，跳到對面的空地，才能成為產物吧。

哇喔～

高牆啊…
好像很辛苦喔。

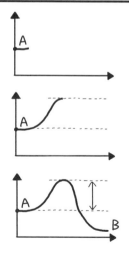

A

A

A

B

順便一提，這道要超越的高牆最高點就稱為「活化能障礙」或「反應障礙」。

高～

哇啊～

酵素可以降低「障礙」

那麼讓酵素參加這種「高障礙」的化學反應，到底有什麼好處呢？

簡單來說，只要有酵素，就可以把障礙給壓低！

變低了！

嘿呀！

妳可以這麼想：酵素可以把原本三公尺的高牆一口氣壓低到一公尺，或是把反應物質拋到高牆的對面，所以就算化學反應中有高牆，也可以輕鬆過關。

變輕鬆了

酵素人好好喔！

反應進行

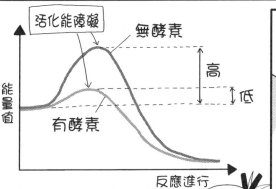

活化能障礙

無酵素

高

低

能量值

有酵素

反應進行

正確來說就像這張圖表的內容。

如果有酵素，就可以把原本很高的活化能降低，讓化學反應更容易進行。

不過有些化學反應機制在有酵素與無酵素時完全不同，所以不是所有酵素都只會減少活化能。

嘿嘿

我來幫忙

總之在這裡就先建立一個觀念，有酵素就會降低活化能。

177

● 最大反應速率

酵素對受質發生作用，製造產物，

這種能力稱為「酵素活性」或「活性」。

我是酵素！

受質 ➡ 反應生成物

酵素活性

想知道酵素性質，就一定要測量它的「活性」！

我最喜歡測量酵素活性了，但是一樣有人很討厭啦。

嗚嗚…那很難嗎…？

放鬆心情去做就沒問題！這裡有兩組關鍵字！

① 最大反應速率
② M-M 常數

最大反應速率，就是反應溶液中的酵素全部與受質結合，全部進入工作狀態時的反應速率。符號是「V_{max}」※。

V_{max}

唔…？太突然了看不懂…

※速度為「V」，「max」表示最大，所以寫成 V_{max}。
以英文字母表示速度時，採用英文 Velocity 的第一個字母 V。

酵素全都跟受質結合…，就是所有酵素都在工作的狀態嗎？

妳可以想像一群人掃落葉的情況。

本來掃把不夠，有人雙手空空沒事做，

掃把

掃掃～

但是有了掃把之後，所有人都可以掃，掃地速度也會變快。

不過當所有人都拿到掃把之後，就算給他們更多掃把，掃地速度也不會提升。這是一樣的道理。

大堆

原來如此啊～

在一部份酵素無所事事的狀態下加入新的受質，這些空閒酵素就會開始工作，提升整體反應速率。

受質

酵素

但是當所有酵素都投入工作，就算加入新的受質，反應速率也不會提升。

所以如果掃把是受質，人手是酵素，就等於在探討受質濃度了。以受質濃度為 x 軸，來看看下面這張圖表吧。

這一段「反應速度不再提升」狀態的速率 V，就稱為「最大反應速率（V_{max}）」。

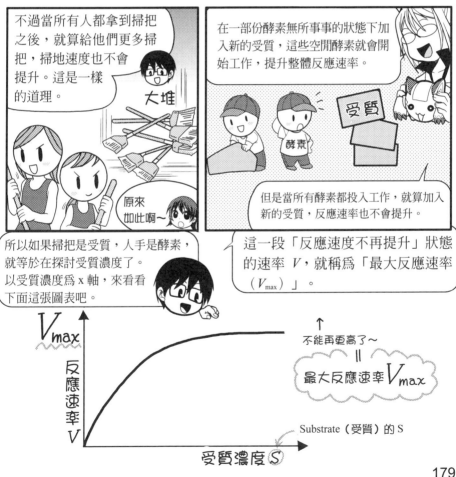

V_{max}

反應速率 V

↑
不能再更高了～
＝
最大反應速率 V_{max}

Substrate（受質）的 S

受質濃度 S

酵素動力方程式與 M-M 常數

1913 年，德裔美籍生物化學家 Leonor Michaelis 和加拿大生物化學家 Maud Lenora Menten 發表了一個基本算式，用來表示酵素反應速率與受質濃度的關係。

這個方程式便以兩人的名字命名為「Michaelis-Menten equation（酵素動力方程式）」。

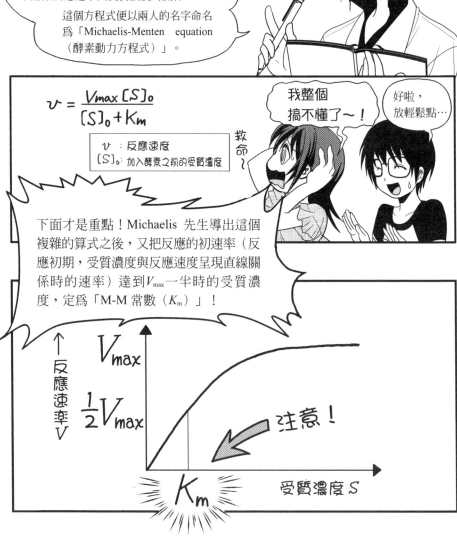

$$v = \frac{V_{max}[S]_0}{[S]_0 + K_m}$$

v：反應速度
$[S]_0$：加入酵素之前的受質濃度

救命～

我整個搞不懂了～！

好啦，放輕鬆點…

下面才是重點！Michaelis 先生導出這個複雜的算式之後，又把反應的初速率（反應初期，受質濃度與反應速度呈現直線關係時的速率）達到 V_{max} 一半時的受質濃度，定爲「M-M 常數（K_m）」！

↑
反應速率 V

V_{max}

$\frac{1}{2}V_{max}$

注意！

K_m

受質濃度 S

目前 K_m 是調查酵素性質時非常重要的參數。

因為這是每種酵素特有的數值，只要測量這個數值，就可以得知酵素對受質的作用狀況，也就是親和性！

嗯嗯

K_m

K_m越小表示親和性越高。

也就是說，K_m越小，就可以用越低的受質濃度達到最大反應速率。所以酵素的作用情況也更有效率。

酵素 A 的 K_m 值

酵素 A 的親和性較高

↑反應速率V

V_{max}

$\frac{1}{2}V_{max}$

酵素 B 的親和性較低

酵素 B 的 K_m 值

受質濃度 S

比較這張圖裡面酵素 A 的線條和酵素B的線條就知道了！

A 從一開始就一直往上衝～

因為酵素 A 的親和性比較高，才會這樣喔。

181

試著求出 V_{max} 和 K_m！

万知道求不求得出來～

接下來就試著求出某種酵素的 V_{max} 和 K_m 吧！

我用合成 DNA 的酵素，DNA 聚合酶來舉例囉。

生物化學 秘 筆記

DNA 材料「核苷酸」在這裡是「受質」，測量方法相當複雜，所以省略過程。
以下是受質濃度。

受質濃度
0 μM
1 μM
2 μM
4 μM
10 μM
20 μM

在不同濃度的溶液中加入 DNA 聚合酶，以37℃、60分鐘的反應條件進行反應[1]。

最後就會出現這樣的測量結果！

不同受質濃度	的	測量結果
0 μM	→	0 pmol
1 μM	→	9 pmol
2 μM	→	15 pmol
4 μM	→	22 pmol
10 μM	→	35 pmol
20 μM	→	43 pmol

這個測量結果（單位 pmol[2]）表示有多少數量的受質（核苷酸）被用來合成DNA。

來把這結果畫成圖表吧！

測量結果 [pmol]

受質濃度 [μM]

x 軸（橫軸）為受質濃度 [μM]，y 軸（縱軸）為測量結果 [pmol]。

受質濃度 0μM 的時候，測量結果是 0pmol，所以…

0

好一！

寫寫

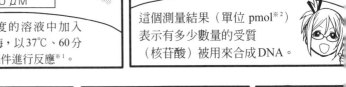

※1 實際上還要加入模版 DNA、鎂離子等物質。

※2 完整寫法爲 pico mol。其中 pico 爲 m→μ→n→p 之中的 p（單位）。

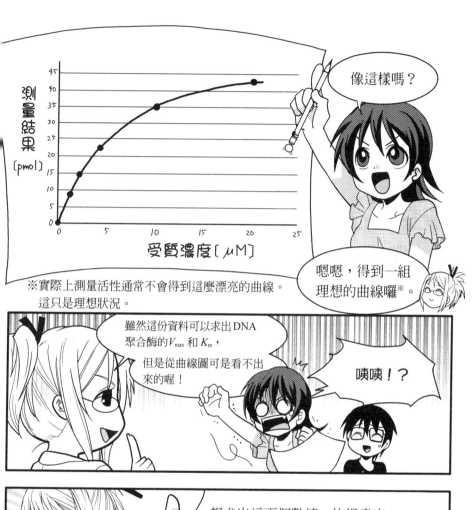

※實際上測量活性通常不會得到這麼漂亮的曲線。
　這只是理想狀況。

縱軸也一樣取倒數畫畫看吧※。

用工程計算機算起來就簡單多了。

Pi

縱軸除了 0 之外的數字是 9、15、22、35、43。9 的 倒 數 是 $\frac{1}{9}$ = 0.111，15 的倒數是 $\frac{1}{15}$ = 0.066。

9 的倒數約爲 0.111
15 的倒數約爲 0.066
22 的倒數約爲 0.045
35 的倒數約爲 0.028
43 的倒數約爲 0.023

※先點出測量值的點，再連成一線做圖。

…畫好了！
…咦？

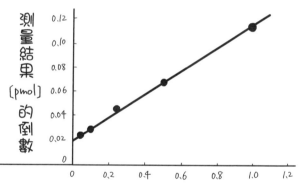

測量結果〔pmol〕的倒數

0.12
0.10
0.08
0.06
0.04
0.02
0

0　0.2　0.4　0.6　0.8　1.0　1.2

受質濃度〔μM〕的倒數

好神奇喔～！
變成「直線」了－！

做的很好！

接下來要說明，爲什麼要取倒數的理由。

185

為什麼要取倒數？

 為什麼要取倒數呢？很神秘吧。嘿嘿嘿⋯

 唔唔～為什麼呢⋯完全不懂啊！

 那我就來揭曉答案吧。首先請注意V_{max}。在下面這張圖表之中，可以發現受質濃度越大，就越接近V_{max}，沒錯吧。

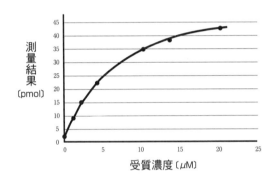

 是啊。受質濃度越高就越接近頂端。也就是越接近最大反應速率V_{max}的極限。
如果很有耐心的繼續測下去，V_{max}、$1/2\ V_{max}$、K_m就全都找出來囉！

 理論上是這樣沒錯，實際酵素反應的測量結果應該可以求出這些數字，但是現實卻沒有那麼簡單。

 咦⋯為什麼呢？

越接近V_{max}，測量結果的數值就越密集，變得難以判斷。

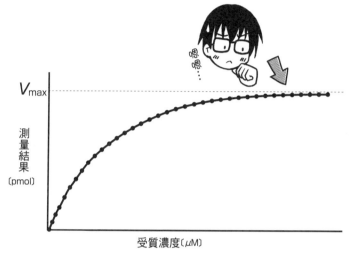

以測量結果數值點所連接而成的圖表中，到底哪一點才是真正的V_{max}，都沒有個準的。

是不是感覺永遠都找不到V_{max}了呢？

原來是這樣啊…那到底該怎麼辦才好呢？

這時候就要換個角度想！如果受質濃度不斷上升，上升到無限大呢？

如果有無限大，那就一定是V_{max}囉…。

但是無限大就不能計算啦。要怎麼求出 V_{max} 呢…

 這時候就要靠密技了。
利用「**無限大的倒數等於零**」的特質。

所以取了倒數之後，「V_{max}」就可以定義為 x 軸為零之位置上的 y 軸數值！
正確來說，這時候的 y 軸數值應該是「$\frac{1}{V_{max}}$」。

 就像下面這樣。

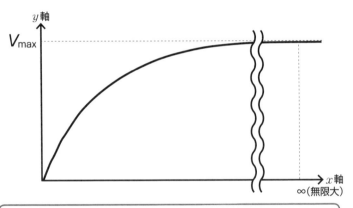

步驟 1
當 x 軸數值為「無限大」的時候，y 軸的值為 V_{max}…

但是無限大屬於抽象概念，無法計算！
能不能換成什麼具體的數字呢？
對了！把 x 軸和 y 軸都取倒數吧！

> **步驟 2**
> 當 x 軸數值為「$\dfrac{1}{無限大}$」的時候，y 軸的值為 $\dfrac{1}{V_{max}}$…

「無限大的倒數＝0」，套用看看吧。

> **步驟 3**
> 當 x 軸數值為 0 的時候，y 軸的值為 $\dfrac{1}{V_{max}}$…

這樣只要畫出圖表，就可以求出 V_{max} 的具體數值了！

 哦哦！原來如此…我本來很怕畫圖表的，不過只要照順序思考為什麼要取倒數，又該怎麼取倒數，就不那麼難了！

 明白其中道理就舒服多了吧？
來，回頭去求剛才那張直線圖的實際 V_{max} 數值吧。

 是！
以後我也要努力取倒數囉～！

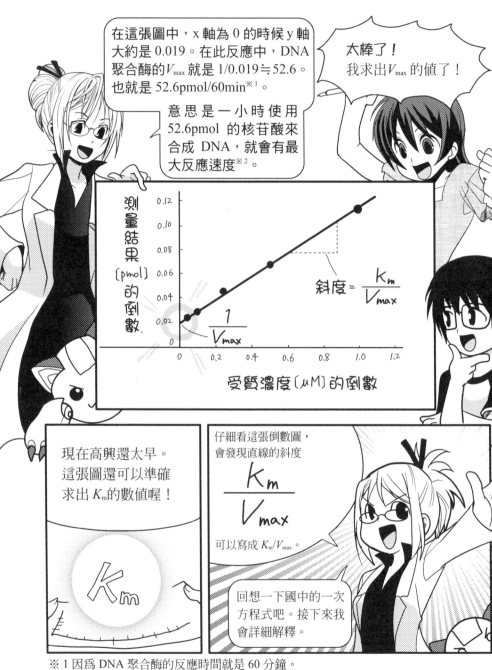

※1 因為 DNA 聚合酶的反應時間就是 60 分鐘。

※2 測量條件或 DNA 聚合酶的種類不同，這個數值就會改變。52.6 pmol/60 min 只不過是其中一例。

從酵素動力方程式求出 K_m、V_{max}！

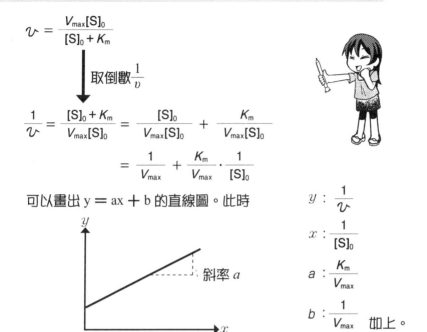

$$\upsilon = \frac{V_{max}[S]_0}{[S]_0 + K_m}$$

取倒數 $\frac{1}{\upsilon}$

$$\frac{1}{\upsilon} = \frac{[S]_0 + K_m}{V_{max}[S]_0} = \frac{[S]_0}{V_{max}[S]_0} + \frac{K_m}{V_{max}[S]_0}$$

$$= \frac{1}{V_{max}} + \frac{K_m}{V_{max}} \cdot \frac{1}{[S]_0}$$

可以畫出 $y = ax + b$ 的直線圖。此時

$$y : \frac{1}{\upsilon}$$

$$x : \frac{1}{[S]_0}$$

斜率 a

$$a : \frac{K_m}{V_{max}}$$

$$b : \frac{1}{V_{max}} \quad 如上。$$

啊！這是國中學過的二元一次函數。我差點就忘了…

沒錯，因為是一次函數，所以標示成直線圖。直線圖有很大的好處喔。

因為直線就算不斷延伸，數值依然會成立！

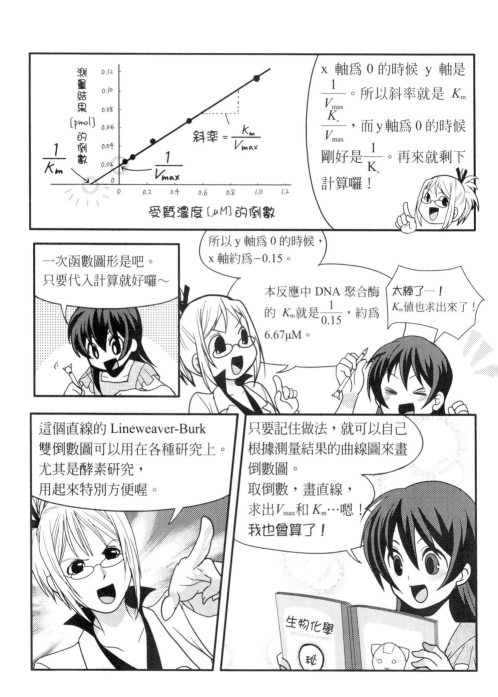

4 酵素與抑制劑

　　為什麼我們一定要用討厭的算式和圖表求什麼 V_{max} 和 K_m 呢？

　　其中一個理由，就是酵素反應根據精密的化學、數學原則來進行，是非常數位化的反應。

　　但是對於研究酵素與相關領域的學者來說，算出 V_{max} 和 K_m 對研究非常有幫助。

　　其中一項研究，就是研究酵素與「抑制劑」的關係。所謂抑制劑，就是影響酵素與受質結合，或是直接影響酵素本身，最後妨礙酵素活性的物質。

　　大多數抑制劑為人工合成物質，用途是研究酵素。由於抑制劑會妨礙酵素活性，所以大多對生物體有害，但是也有很多抑制劑可以反過來當藥物使用，殺死癌細胞。

　　自然界中也有抑制酵素活性的物質。這時候就不叫「抑制劑」，而是「酵素抑制物質」。比方說細胞會自行分泌某種抑制物質，調節細胞代謝活動中的酵素反應，達成重要任務。豆科植物的種子中有稱為「抗營養因子」的「α-澱粉酶抑制素（inhibitor，有抑制的意思）」或是「胰蛋白酶抑制素」等多種酵素抑制物質。可能是防止動物攝食的一種防衛機制。

　　若抑制劑的結構與受質類似，就可以順利進入酵素的「受質專一性」範圍中。這麼一來雖然會結合，卻因為結構稍有差異而無法起反應，結果就妨礙了酵素的工作。目前已知有許多這類型的抑制劑。而使用酵素動力方程式，就可以知道抑制劑用什麼方式抑制酵素反應。

　　抑制機制有很多種，例如「**競爭型抑制作用**」「**非競爭型抑制作用**」等等。

　　所謂**競爭型抑制作用**，就是與受質類似的物質，代替受質與酵素結合，而阻礙酵素反應的機制。

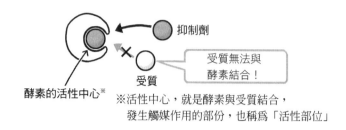

抑制劑

受質無法與
酵素結合！

酵素的活性中心※

受質

※活性中心，就是酵素與受質結合，
發生觸媒作用的部份，也稱為「活性部位」

　　結果雖然不會影響酵素的最大反應速率V_{max}，但是對酵素來說，抑制劑等於降低了受質濃度，所以達成最大反應速率所需的K_m也會提高。

　　因此，抑制劑的抑制方式若屬於競爭型抑制，畫成「Lineweaver-Burk 雙倒數圖」之後，會像下圖所示，傾斜度變得更大。此時與y軸的交點並不會改變。

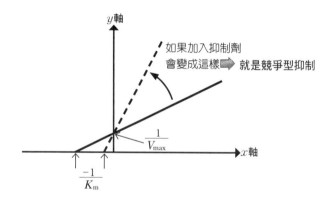

y軸

如果加入抑制劑
會變成這樣 ➡ 就是競爭型抑制

$\dfrac{1}{V_{max}}$

x軸

$\dfrac{-1}{K_m}$

　　與y軸的交點$1/V_{max}$雖然不會改變，但是與x軸的交點$1/K_m$就會改變。也就是說，使用某種抑制劑並測量其結果，畫成圖表，如果產生這種現象，就代表這種抑制劑的抑制功能屬於「競爭型抑制」。

　　至於非競爭型抑制，則是結合酵素中活性部份以外的部份，抑制酵素反應的機制。

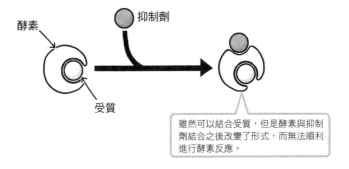

酵素

抑制劑

受質

雖然可以結合受質，但是酵素與抑制劑結合之後改變了形式，而無法順利進行酵素反應。

　　這時候抑制劑並不會影響酵素與受質結合，所以 K_m 值完全不受影響。但是抑制劑會直接抑制酵素反應本身，所以抑制劑量越多，最大反應速率就越慢。

　　所以抑制劑的抑制方式若屬於非競爭型抑制，畫成「Lineweaver-Burk 雙倒數圖」之後，會像下圖所示，直線的傾斜度變大；但與「競爭型抑制」不同的是，直線與 x 軸的交點不變，與 y 軸的交點則會改變。

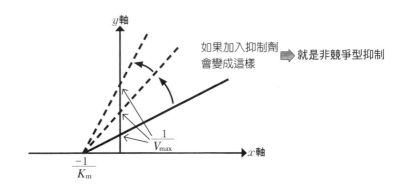

y軸

如果加入抑制劑會變成這樣 ➡ 就是非競爭型抑制

$\dfrac{1}{V_{max}}$

$\dfrac{-1}{K_m}$

x軸

　　抑制劑會大大影響酵素反應，所以能利用抑制劑來研究酵素構造或反應機制，甚至可以更進一步研究如何抑制癌細胞的酵素，殺死癌細胞等等。

異位性酵素

　　本書介紹了符合酵素動力方程式的酵素反應，但是在五花八門的酵素之中，也有不少種類表現出無法套用酵素動力方程式的活性。

　　其中一種就是由複數次單元構成的酵素，它能發揮名叫「異位性效果」的活性變化，所以被稱為「異位性酵素」。比方說受質與某個次單元結合之後，改變了酵素的立體構造，讓其他次單元更容易與受質結合。

　　這時候，表示受質濃度與反應速率關係的曲線，就不是典型的酵素動力方程式指數曲線，而是S型的「sigmoidal曲線」。

　　有關此種酵素反應，這裡便不詳細討論，因為它們並不會根據固定方程式產生反應，而是由各式各樣的反應式組成，極為複雜多變。

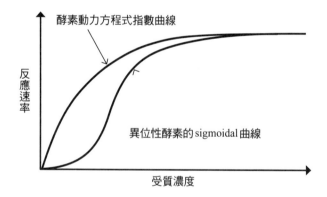

酵素動力方程式指數曲線

反應速率

異位性酵素的sigmoidal曲線

受質濃度

197

因為我現在知道啦。人不能沒有ATP，也不能沒有脂肪酸！

我已經不需要那些垃圾減肥法囉。

？

へ掃地？

而且，今天上完最後一堂課…

感激不盡！

妳真努力，收下這減肥秘笈吧。

久美的想像

黑坂老師一定會傳授我減肥秘訣！

所以吃不怕的啦～！

哇哈哈

哇哈哈

大吃特吃

那麼就開始上課吧。

好一！

東西南北大學

1 什麼是核酸？

何謂核酸？

生物化學就是生命體的化學，目前我們學到了蛋白質、醣類、脂質，其實還有一個很重要的物質。

那就是「核酸」。因為它是大量存在於細胞「核」中的酸性物質，所以這麼稱呼。

剛開始我們用機械喵看過了細胞核，那是 DNA 的儲藏庫。

DNA

嗯，又大又圓，看起來就很重要！正好適合最後一堂課啦！

簡單來說，核酸就是「基因的真面目」。同時也是基因發揮作用所不可或缺的物質。

核酸

啊，我知道～！基因的真面目就是 DNA 對吧？

這麼說也沒錯…不過不代表 DNA 就是基因喔。

是呀。所謂基因，就是DNA的一部份—包含有意義遺傳資訊的部份。也可以說是蛋白質的藍圖。

想製造蛋白質，一定要有胺基酸的排列資訊（排列順序和數量）。在核酸上寫入這種資訊的密碼，才能成為「基因」[※]。

DNA

基因

基因

※正確來說，基因還包含了「RNA（尚未被轉譯為蛋白質的RNA）藍圖」。

食譜

參考第 19 頁

啊，我想起來了！細胞核裡的 DNA 要寫上資訊才算基因！

所以蛋白質都是依照這份藍圖來製造的囉～。

嗯嗯

目前我們發現了兩種核酸，「DNA（去氧核醣核酸）」和「RNA（核醣核酸）」。

去氧核醣核酸
DNA

核醣核酸
RNA

其實想要製造蛋白質，不能只有 DNA，也需要 RNA。RNA 的地位也非常重要喔。

DNA（包含基因） 轉錄 → RNA 轉譯 → 蛋白質

我也有聽過 DNA，形狀是這樣對吧！

但是 RNA 我就不知道了…

是啊，一般人比較少聽過 RNA。

但是最近才發現，它對我們這些生物來說是非常重要的物質喔。

● 米歇爾發現核蛋白質

 瑞士生物化學家米歇爾（F. Miescher，1844-1895），有一天從附近的醫院收下了用過的繃帶，在上面附著的白血球中，發現了前所未有的新物質，並成功將它萃取（分離）出來。

用過的繃帶上的白血球，也就是病患的「膿」囉。

F. Miescher

 嗚，好像有點可怕…

 米歇爾為了消除膿中的所有蛋白質，而加入了「蛋白質分解酶」，並且以「醚萃取」方法去除脂質，這樣才能從膿中取出白血球。

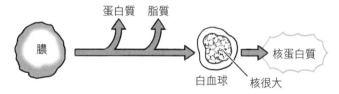

蛋白質　脂質

膿

白血球　核很大

核蛋白質

 他從白血球中得到一種強酸性物質。由於是從白血球的「核（nucleus）」中發現此種物質，所以米歇爾將它稱為「核蛋白質（nuclein）」。
後來米歇爾又成功從鮭魚的精子中取出核蛋白質，後來科學家們才明白，核蛋白質其實就是核酸。而直到 20 世紀前半，才知道核酸還分成「DNA」「RNA」兩類。

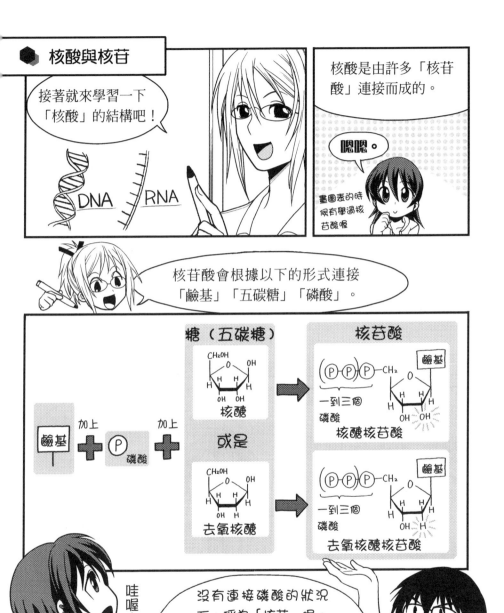

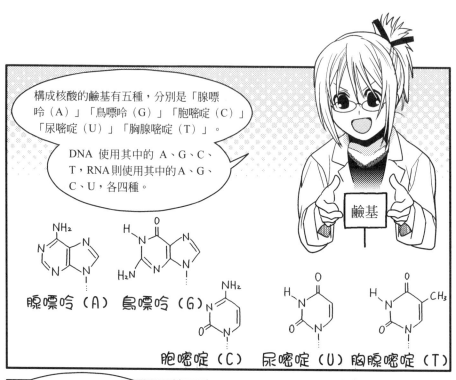

構成核酸的鹼基有五種，分別是「腺嘌呤（A）」「鳥嘌呤（G）」「胞嘧啶（C）」「尿嘧啶（U）」「胸腺嘧啶（T）」。

DNA 使用其中的 A、G、C、T，RNA 則使用其中的 A、G、C、U，各四種。

鹼基

腺嘌呤（A）　鳥嘌呤（G）

胞嘧啶（C）　尿嘧啶（U）　胸腺嘧啶（T）

從結構特徵來看，A 與 G 是「嘌呤鹼基」，C、U、T 則是「嘧啶鹼基」。

嘌呤…跟我吃的布丁應該沒關係吧…

一個六角環配一個五角環稱為嘌呤，只有一個六角環則是嘧啶。

嘌呤

嘧啶

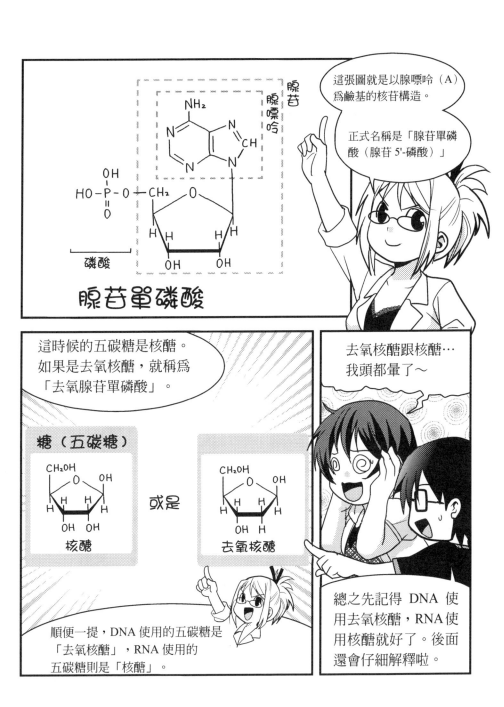

妳還記得連接三個磷酸的「三磷酸腺苷」嗎？
它就是「ATP」，也屬於核苷的結構喔。

ATP

沒錯！ATP 不只是共同貨幣，
還是 RNA 的材料喔。

腺苷
腺嘌呤

O — P P P

ATP

ATP 就是之前學過的
「共同貨幣」吧？

咦咦～！這下又更體會
到 ATP 的重要性了！

是呀！話說回來，其他鹼
基也跟腺苷單磷酸一樣，
進行組合。

鹼基

鹼基為鳥嘌呤（G）　　稱為「鳥苷單磷酸」
　　　　　　　　　　　或「去氧鳥苷單磷酸」
　　　胞嘧啶（C）　　稱為「胞苷單磷酸」
　　　　　　　　　　　或「去氧胞苷單磷酸」
　　　胸腺嘧啶（T）　稱為「胸腺苷單磷酸」
　　　　　　　　　　　或「去氧胸腺苷單磷酸」[1]
　　　尿嘧啶（U）　　稱為「尿苷單磷酸」
　　　　　　　　　　　或「去氧尿苷單磷酸」[2]

※ 1 以胸腺嘧啶來說，幾乎都只有去氧型，所以通常不會特地加上「去氧」。
※ 2 尿嘧啶並非 DNA 常用的鹼基，但也有去氧型。

嗯嗯！五碳糖有兩種，鹼基有五種，
變換搭配就會產生不同的核苷酸。
烏龍麵跟拉麵也是一樣吧。

（咖哩）
インドカレー

更換配料可以變成雞蛋
麵、炸蝦麵等等…

嗯～

少不了蔥跟
辣椒粉喔。

鹼基互補性與 DNA 構造

◎核苷酸連成一長串，就成爲核酸，其中每個核苷酸的五碳糖中第 3'與第 5'個碳，藉由磷酸來橋接連結。這種狀態稱爲「聚核苷酸」。

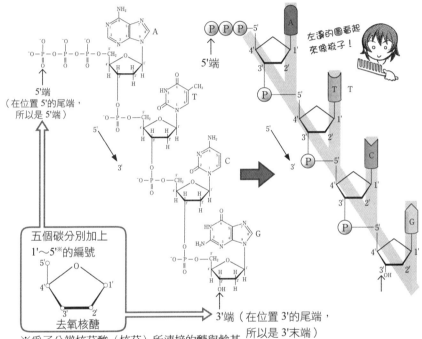

左邊的圖看起來像梳子！

5'端
（在位置 5'的尾端，所以是 5'端）

五個碳分別加上 1'～5'※的編號

去氧核醣

3'端（在位置 3'的尾端，所以是 3'末端）

※爲了分辨核苷酸（核苷）所連接的醣與鹼基在位置上有何不同，而加上了「符號」。

聚核苷酸

這時候，鹼基會從聚核苷酸的單邊突出，看起來就像梳子一樣。DNA 便是藉由這些鹼基來重疊兩條聚核苷酸，進而形成螺旋狀。

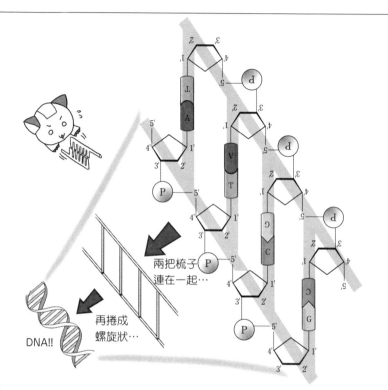

兩把梳子
連在一起…

再捲成
螺旋狀…

DNA!!

 啊!那個梳子形狀的部份互相連接,就變成這個部份了!

 沒錯。也就是說,鹼基與鹼基之間形成氫鍵而「成雙成對」,將兩條聚核苷酸股鏈連在一起。而且鹼基對中,A 一定會配 T,G 一定會配 C。

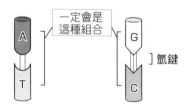

這種成雙成對的特性稱爲「**互補性**」。因爲有這種特性，DNA 才可以把雙重的聚核苷酸股鏈分開，變成兩組「**模版**」，然後連接新的核苷酸（聚合），形成兩條鹼基排列方式相同的新 DNA。這就是所謂的「**複製**」。

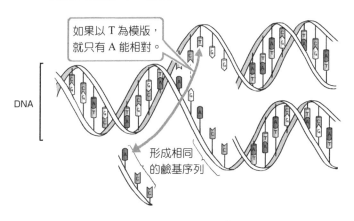

如果以 T 爲模版，就只有 A 能相對。

DNA

形成相同的鹼基序列

 模版就像烤車輪餅會用到的那種鐵盤啦。

 是喔…有模版就更容易複製了吧。
配對方式決定了，要做什麼當然沒問題。所以 DNA 是很容易複製的構造囉！

 DNA 與其他生命體高分子（蛋白質、醣類、脂質）的決定性差異，就在於「複製」的特質。

● DNA 聚合酶的酵素活性與 DNA 複製

 說到這裡，爲什麼 DNA 需要複製呢？因爲 DNA 正是基因的主體。

基因就是父母傳給子孫的東西。是細胞傳給細胞的東西。當細胞分裂時，兩個細胞必須有相同的傳承，所以 DNA 要先帶頭進行複製。

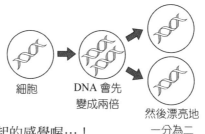

細胞　　　DNA 會先
　　　　　變成兩倍

然後漂亮地
一分為二

好像很了不起的感覺喔…！

全球第一個發現 DNA 複製酵素「DNA 聚合酶」的人，是美國生物化學家亞瑟‧孔柏格（Arthur Kornberg，1918-2007）。

DNA 聚合酶就是之前用來求 V_{max} 和 K_m 的酵素，記得嗎？

Arthur Kornberg

嗯！複製 DNA 的酵素啊…看來酵素真的是五花八門呢。

1956 年，孔柏格將大腸菌磨碎，從碎菌溶液中萃取出一種活性酵素，可以合成 DNA 聚合酶。
所以只要使用這種酵素，就可以在試管中人工合成 DNA。根據他的自傳《對酵素的熱愛：一名生物化學家的探險之旅》所述，這項成就在美國引發了大風暴。

對學術界的衝擊一定很巨大吧。

當然囉。因為這項研究的學術成就重要性獲得承認，所以孔柏格獲得了 1959 年的諾貝爾醫學獎。

說到 DNA 聚合酶，正式名稱應該是「DNA 依賴性 DNA 聚合酶」。意思就是「以 DNA 為模版，製作與其鹼基序列互補的去氧核醣核酸，然後進行聚合的酵素」。

嗯嗯。只要決定配對，就可以參考模版大量生產囉。

下面就是以 DNA 聚合酶為觸媒的化學反應內容。

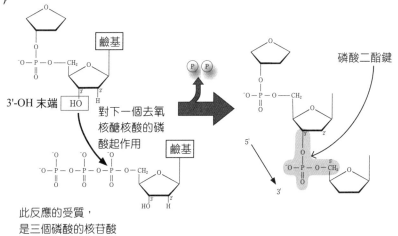

213

也就是說，DNA 聚合酶擔任化學反應觸媒，讓去氧核醣核酸的 3'-OH 末端與下一個去氧核醣核酸的磷酸起作用，製造出「**磷酸二酯鍵**」。

就是促進成雙成對的聚合反應對吧。

沒錯！哼嘿嘿嘿～

…。

⬢ RNA 的構造

另一方面，RNA 使用核醣作為構成核苷酸的五碳糖，就很少像 DNA 一樣結合成雙股鏈，大多由一條聚核苷酸形成。
不過在最近的研究中，發現細胞內其實也有很多雙鏈 RNA。

DNA

RNA

說到這裡，剛才講過 RNA 也是很重要的物質，到底重要在哪呢？

這點說明起來會很漫長，留到後面慢慢講解好了。（參考第220 頁）

好～！

RNA與DNA的差異，就在於它「容易分解」。妳還記得核醣跟去氧核醣嗎？

 好像是 DNA 跟 RNA 不一樣的「五碳糖」吧…？

 沒錯！看下面這張圖，構成 RNA 的核醣跟 DNA 的去氧核醣不一樣，第 2'位置的碳連接著羥基（2'-OH）。這羥基可是個麻煩人物。尤其它的氧原子（O）更讓人頭大，可以說是個「負心漢」。

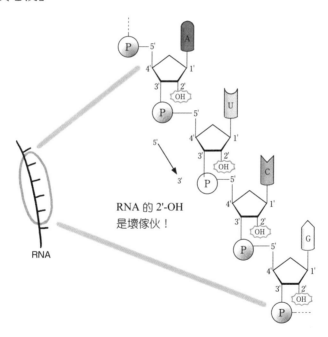

RNA 的 2'-OH
是壞傢伙！

 什麼～～！差勁～！

 （我絕對不花心喔！）

實際上因為有這個羥基存在，RNA 會引發所謂的「**鹼基觸媒**」現象，而自行分解。

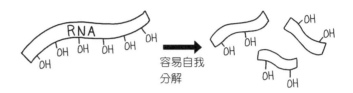

容易自我分解

鹼基觸媒的步驟如下。

首先存在於 RNA 周圍的「鹼基」（請注意，不是 A、U、C、G 等鹼基），也就是容易接受質子（H^+）的羥化物離子（OH^-）等物質，就會引誘這些「負心漢」靠近。

實際上就是鹼基會搶走 2'-OH 的質子啦。

於是這「負心漢」就會去攻擊有著美滿家庭的「隔壁太太」。

實際上就是質子被搶走之後，帶負電的氧（O^-）會跟隔壁 3' 位置的磷酸二酯鍵（就是連接核醣核酸的重要鍵結）中的磷（P）結合。

結果磷酸二酯鍵就會分解，造成 RNA 鏈斷裂。

腦袋糊成一團了…

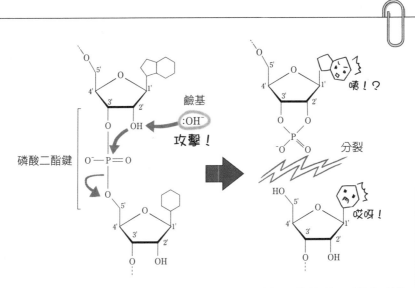

 因爲 RNA 容易自我分解，有著「不穩定」的缺點，所以不適合擔當記錄遺傳資訊的重責大任。而 DNA 不具有 2'-OH，所以遠比 RNA 穩定。

因此 DNA 才適合當作基因，RNA 則有其他的重要任務。

 接下來就要看這重要任務是什麼了！

2 核酸與基因

基因的真面目就是 DNA

因為有「基因」，孩子才會長得像父母。

有像嗎？

很像啊！

基因是製造蛋白質和 RNA 的「藍圖」，它的真面目就是「DNA」。

基因是 DNA 的一部分

DNA 是鹼基並排而成的物質，而「鹼基序列」更是其中關鍵。

應該說，「鹼基序列」正是蛋白質的藍圖！

T T C G C G A T G C T A G C T A T A

所以基因就是 DNA 的
一部分鹼基序列。

「鹼基序列」就是
鹼基的排列方式※1。

喔喔一

根據目前研究，
以我們人類來說…

基因

DNA

基因

基因

DNA 總長中只有 1.5%的
鹼基序列，能發揮蛋白質
藍圖的功能※2。

只有
1.5%！？
好少！

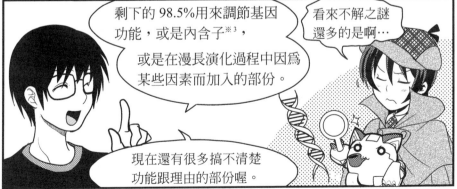

剩下的 98.5%用來調節基因
功能，或是內含子※3，

或是在漫長演化過程中因為
某些因素而加入的部份。

看來不解之謎
還多的是啊…

現在還有很多搞不清楚
功能跟理由的部份喔。

※1 本書採用「基因（以鹼基序列形式）寫入於 DNA」的說法。
※2 實際上，應該是基因中的「外顯子」部份占整體的 1.5%（參考第 227 頁）。
※3 有關內含子請參考第 227 頁。

219

🔷 具有多種功能的 RNA

寫著蛋白質藍圖的 DNA，存在於細胞核中，

絕對不會跑到細胞質※去！

細胞核　細胞質

久美，妳還記得合成蛋白質的「核醣體」嗎？

這個…

呵呵

緊張

是那個遠看像胡椒鹽，近看糊成一團，但是像雪人的東西吧？

參考第 27 頁

有些附著在內質網上，有些漂浮在細胞質中。

沒錯！合成蛋白質的「核醣體」位於細胞質之中，

但是 DNA 又不能離開細胞核…

細胞核　細胞

DNA

細胞

核醣體

哎呀！？這不就麻煩了！？應該要想辦法過去找核醣體啊！

打擊一

※　漂浮於細胞質之中的粒線體、葉綠體，都有自己的 DNA。

220　第 5 章 🔷 核酸化學與分子生物學

如果有誰可以把基因藍圖當郵件一樣送過去就好了…

啊啊，好想將這封信送給遠方的他…

嗯…

細胞核裡的設計圖要怎麼抵達細胞質裡的核醣體呢…

咕咕—

其實這時候就要交給「RNA」了！

哇啊！

咦！是這樣嗎！？

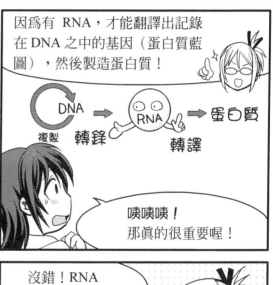

因為有 RNA，才能翻譯出記錄在 DNA 之中的基因（蛋白質藍圖），然後製造蛋白質！

複製　DNA　轉錄　RNA　轉譯　蛋白質

咦咦咦！那真的很重要喔！

沒錯！RNA有許多種類，

合成蛋白質需要 mRNA、rRNA、tRNA 三種不同的 RNA 各司其職喔。

● mRNA

首先「RNA 聚合酶」這種酵素會發揮功能，讀取記錄於 DNA 上的基因（鹼基序列），然後合成出擁有相同鹼基序列的 RNA。

這個過程稱爲「轉錄」，過程中所合成的 RNA 稱爲「信使 RNA」。這也是不折不扣的「RNA 合成反應」。

假設現在有個下圖所示的基因。

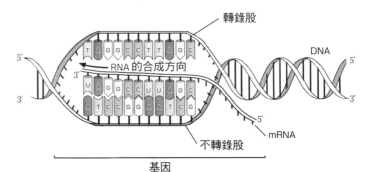

DNA形成雙鏈，其中只有一邊的DNA鏈具有基因功能（也就是它的鹼基序列可以當藍圖），稱爲「轉錄股」。而與轉錄股互補的另一條 DNA 鏈就稱爲「不轉錄股」。

哦哦。

mRNA 是以不轉錄股作爲模版來合成的，所以合成出來的 mRNA 鹼基序列，就跟可以當作基因的轉錄股一樣。

順便一提，轉錄股的「T（胸腺嘧啶）」部份，在形成 mRNA 時會變成「U（尿嘧啶）」喔。

此時合成的 mRNA，正式名稱應該是「mRNA 前驅體」。要經過各式各樣的處理※（就是各式各樣的化學反應）才真正成為 mRNA，從細胞核抵達細胞質，燃後進入核醣體。

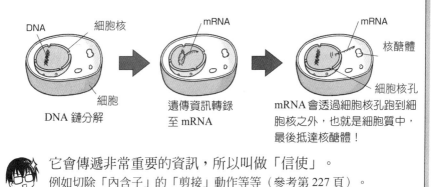

| DNA 鏈分解 | 遺傳資訊轉錄至 mRNA | mRNA 會透過細胞核孔跑到細胞核之外，也就是細胞質中，最後抵達核醣體！ |

它會傳遞非常重要的資訊，所以叫做「信使」。
例如切除「內含子」的「剪接」動作等等（參考第 227 頁）。

rRNA 與 tRNA

 核醣體由數種「**核醣體 RNA（rRNA）**」與數十種「**核醣體蛋白質**」構成，像一個巨大的太空站。

 不過不像粒線體和葉綠體那麼大就是了。

 看起來小小的顆粒，原來這麼浩大啊。

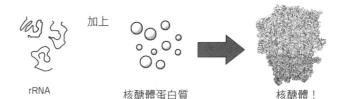

| rRNA | 核醣體蛋白質 | 核醣體！ |

核醣體中，有一種搬運胺基酸的RNA「**轉譯RNA（tRNA）**」會讀取 mRNA 的鹼基序列。

 轉譯的對象就是胺基酸。

 mRNA的鹼基序列就是胺基酸序列的密碼。實際上是由三個鹼基序列組成一個胺基酸密碼，這三個鹼基序列就稱爲「密碼子」。

 也就是說，tRNA具有的鹼基序列「反密碼子」※一定要能夠與 mRNA 上的密碼子完全結合，才能附著在核醣體的特定位置上。

※反密碼子也會決定該搬運哪些胺基酸。

至於 rRNA，就負責連接 tRNA 運來的胺基酸。於是特定胺基酸根據 mRNA 的鹼基序列（密碼子序列）連接起來，便製造出與原本 DNA 鹼基序列（基因，蛋白質藍圖）相同的蛋白質。

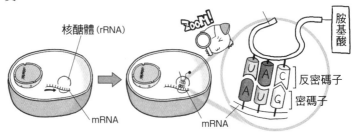

 唔…所以遺傳資訊的傳遞途徑就是「DNA→mRNA→（tRNA→）蛋白質」囉。

而這是其中一種 rRNA。

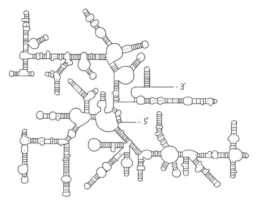

 …？

 只要仔細看，就可以知道這是一條 RNA 經過複雜折疊而形成的。

 啊！真的哩！

 單鏈 RNA 經過漂亮的折疊，就形成某種「形狀」。因為單一的 RNA 分子中，鹼基與鹼基之間也會配對。所以看起來才像支梯子。這是 RNA 才有，DNA 沒有的特徵。而且不同的鹼基序列還可以形成各種不同形狀。

 好有趣喔！感覺就像一筆畫圖案一樣。

核酸醣酶

 RNA 不像細胞核裡紋風不動的 DNA，它存在於細胞核與細胞質之中，而且只要改變鹼基序列，就可以變成各種形狀。

 真是種「靈活」的分子啊。

 沒錯。所以 RNA 研究學者一直在探討，mRNA 之類的 RNA 除了「複製基因」之外，是否有更重要的任務。
1980 年代初期，美國生物化學家切赫（Thomas R. Cech）與分子生物學家阿脫曼（Sidney Altman）發現了核酸醣酶，等於預告了未來的 RNA 研究進展。

這兩個人發現 RNA 原來也具有酵素般的能力喔。

 真的嗎－！

 所以他們用 RNA（核醣核酸）與酵素（酶）創造出新名稱「核酸醣酶」。

目前已經發現，或是以人工製造出來的核酸醣酶，通常都用來剪接 RNA 與 DNA。

切赫發現它可以當作自剪接（化學反應）的觸媒，也就是將本身無法成為蛋白質藍圖的部份（內含子）切除，並連接上可以做為蛋白質藍圖的外顯子[※]。

※真核生物的基因由名叫「內含子」的鹼基序列，分割為數段「外顯子」。所以在 mRNA 階段必須先去除「內含子」，這個反應就稱為剪接。

目前發現的剪接作用，大多跟 RNA 中的 2'-OH 和 3'-OH 等羥基（-OH）有關。

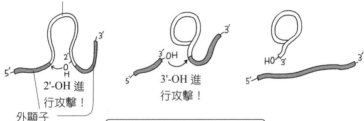

切離內含子部份，就是真核生物的 mRNA 剪接作用

哇，連成一圈了。

因為發現了核酸醣酶，科學家才開始明白 RNA 是多功能的多工分子。RNA 的研究也更進步。

到了 21 世紀，科學家又接連發現RNA還有其他各種功能，而且細胞中還有許多不同的 RNA。未來的 RNA 研究成果想必更令人期待喔。

3 生物化學與分子生物學

● 一切都從「骯髒工作」開始

現代人，尤其是都市人，越來越沒有機會接觸大自然了。尤其是最近的年輕媽媽們，只要孩子身上沾到一點泥巴，就覺得不開心，甚至因此罵小孩。

但人類也是生物的一種，也曾經生活在大自然之中。

生物化學是從「化學」立場研究生命現象的學問，而研究對象當然就是大自然的產物：生物。

當我還是研究生的時候，為了研究植物富含的某種蛋白質，而到山裡去採集那種植物。

當時我跟學弟兩人搭上指導教授的車，開上附近植物茂密生長的山路，直到車輛無法再前進，就改為步行。一邊撥開茂密的草木，一邊採集我要的植物「洋商陸」。

我把採集到的洋商陸帶回研究室，洗去泥土，切成片，然後萃取真正需要的「蛋白質」。

我也會定時到附近的屠宰場，要些剛宰殺剩下的「牛胸腺」（這種器官不能賣，只能丟，所以不用錢），然後拿回研究室用剪刀剪成小塊的實驗樣本，保存在冷凍庫裡。因為「胸腺」可以萃取出研究所需的蛋白質（DNA聚合酶）。

生物化學以方法論為基礎，是從生物材料中萃取（或是抽取、提煉、分離等等）化學物質，調查其化學性質的學問。

相較之下，分子生物學則是分析生物藍圖「DNA」、製作藍圖的「蛋白質」等「生命體高分子」，來探討生命現象的學問。

所以對分子生物學家來說，只要能夠處理DNA和RNA，或是能用人工方法（使用大腸桿菌等等）打造蛋白質合成環境，根本不需要使用牛的器官、新鮮植物等活體材料。

所以它的研究方法不但很乾淨，求出來的DNA、蛋白質資料，

也都是「數位」資料。

目前分子生物學跟生物科技連想在一起，好像是某種使用「最尖端科技」的一流學問，根本不需要弄得一身泥土，或是沾滿動物的血腥…

所以有些生物學者，包括我認識的人，會說自己的研究是「骯髒工作」，隱約展現出一種自卑感。

然而就是累積了這麼多的骯髒工作，才有了分子生物學的基礎，這是不爭的事實。許多年輕的分子生物學家除了大腸桿菌、培養細胞、實驗動物之外，完全不使用任何活體生物材料。但我認為從古至今，生物化學與分子生物學一直密不可分。我們絕不能忘了這件事。

可以從試管內觀察到的生命現象

1897 年，德國生物化學家愛德華・畢希納（Eduard Buchner）有了劃時代的大發現，那就是只要使用酵母細胞的萃取液，就能引起「發酵」。

以往人們認為發酵是生物特有的化學反應，只有活體細胞才能進行。但是畢希納的發現顛覆了這個觀念。

從此之後，「生命現象是生物特有能量（活力、生命力）所引發的現象」這種說法便幾乎銷聲匿跡，並開始出現在試管中研究生物化學反應的學問，生物學。

畢希納發現的是「不需要活的生物體也能進行」，毫無疑問地，等於預見了未來「分子生物學」的誕生。

隨著 DNA 與蛋白質的神秘面紗被揭開，科學家明白所有生物都有共同的基礎結構。比方說所有生物的基因本體都是 DNA，而且都靠著讀取基因來製造蛋白質，或是所有生物內的同一種蛋白質也大多有同一種功能等等。

這麼一來，研究生物共同機制時的關鍵，便在於如何分析生命藍圖 DNA，以及如何找出蛋白質的功能。亦即發展方法論。

DNA 重組技術的發展

1972 年美國分子生物學家保羅‧伯格（Paul Berg）獨步全球，成功在試管中以人工操作 DNA，創造出自然界所沒有的 DNA，從此全世界便爭相進行類似實驗。

1977 年，英國生物化學家弗雷德里克‧桑格（Frederick Sanger）開發出一種能夠輕易解讀 DNA 鹼基序列的方法；1985 年，美國分子生物學家凱利‧穆利斯（Kary Banks Mullis）研發出放大 DNA，更方便進行處理的方法，讓 DNA 重組技術突飛猛進。

因為科學家知道基因的本體是 DNA，基因以鹼基序列的形式書寫在 DNA 上，才能發展 DNA 重組技術。而科學家也推測，只要有 DNA 的鹼基序列，加上能夠生產蛋白質的環境，就可以了解有關蛋白質的所有化學反應，也就是生命現象。

就算不做那些「骯髒工作」，只要從外界把基因引進結構清楚、容易處理的單純生物（例如大腸桿菌）之中，讓它去生產蛋白質，就可以一口氣獲得大量蛋白質。

我們可以說，分子生物學的發展目標便在於此。而它的研究方法便是 DNA 重組技術。

回歸到生物化學

但是當人類基因組計畫（Human Genome Project，找出人類所有基因資訊的國際合作計劃，2003 年完成）告一段落之後，研究員們又再次把焦點從 DNA 放回蛋白質，以及 RNA 上面。

「後基因組時代」「後序列時代」已然來臨。

無論 DNA 是多麼受人矚目，無論控制 DNA 的技術多麼發達，無論學者怎麼說，只要生命現象還是由「化學反應」聚集而成，就一定有蛋白質與 RNA 的存在。

即使我們知道人類 DNA 的所有鹼基序列（基因組），若不明白基因製造出來的蛋白質與 RNA 有什麼功能，也毫無意義。

目前我們已經知道大部份蛋白質中的胺基酸資訊，也知道它們的功能，所以面對未知的蛋白質，能夠靠胺基酸資訊推測出某種程度的功能。

但是最終依然要使用生物化學手法，實際確認蛋白質的功能。再怎麼使用分子生物學手法（DNA 重組技術等等）研究、分析蛋白質功能，也不能確定這種蛋白質在天然細胞中是不是真的有這些功能。意思就是「一棵樹不代表整座森林」。只要研究的對象是生命體物質，生物化學就永遠是最重要的學問。

● 細胞起源之謎～先代謝還是先複製～

我們常常聽到有人討論「生命的起源」。生命是什麼？我們先不討論這個大哉問，把重點放在生物起源密不可分的「細胞的起源」。

最早的細胞如何出現在地球上呢？

對於許多修習過生物化學的人來說，一定知道細胞是進行許多化學反應的場所。這些化學反應會製造蛋白質，分解醣份產生能量，消除酒精的毒性，進行光合作用生產醣份等等。每個都是細胞不可或缺的化學反應。

細胞為了活動，進行一連串化學反應，或是以許多化學反應構成網路將某種物質變成另一種物質，通稱為「代謝（metabolism）」。（參考第 38 頁）

也就是說，細胞不僅是化學反應場所，也是不斷代謝來「維持生計」的完整社會。

生物還有一大特徵：「留下（增加）後代」。聽起來有點深奧，簡單來說就是「複製自己」。

我們是多細胞生物，製作後代的過程比較複雜，那麼最單純的單細胞生物要怎麼辦？應該是分裂增加吧？其實多細胞生物也是靠著生殖細胞分裂，來「複製自己」的。

細胞製造後代的方式稱爲「自我複製」，不過說起來有點麻煩，所以就簡稱爲「複製（replication）」吧。

　　目前細胞的活動大致就是「代謝」與「複製」，而這兩個關鍵字正是探討生命起源的重要線索。

　　「先代謝？還是先複製？」

　　所有研究生命起源的科學家，心中都有這樣一個疑問。當「薄膜小包（細胞）」誕生在地球上的時候，小包裡到底發生了哪些事情？有一派學者認爲剛開始只是許多分子在「小包」裡進行代謝，某天不小心得到了某種可以複製的分子，才開始分裂繁殖。這是「先有代謝」的想法。

　　另一派學者認爲最早的「小包」只有複製分子，不停分裂，某天突然開始代謝起來，然後獲得更好的複製方法，才進化爲細胞。這是「先有複製」的想法。

　　其實探討「哪邊比較早」並沒什麼意義，因爲許多學者認爲「代謝」與「複製」是彼此協調、同時進化的。

　　無論如何，代謝都是生物化學的過程，是與生命起源這個大哉問息息相關的浩大現象。

4 生物化學的實驗方法

　　我們可以使用生物化學手法，來確認蛋白質的功能。第231頁也說過，那麼生物化學家平時到底做哪些實驗呢？

　　不同研究領域有不同的實驗方法，簡直不勝枚舉，所以筆者在此僅介紹自己做過的幾項實驗。

（1）管柱層析法

　　管柱層析法，可以從許多物質混雜的狀態中，分離出具有相同性質的物質。比方說前面介紹的洋商陸萃取液、牛胸腺打成的漿汁等等，都可以用管柱層析法萃取出具有某種性質的蛋白質。方法是在細長的玻璃管中塞入各種不同用途的「特殊樹脂」，液體滲透之後取出附著於樹脂上的物質，或是收集沒有附著的物質。

　　管柱層析法根據樹脂種類、目標蛋白質，又可以分為離子交換管柱層析法、凝膠過濾管柱層析法、親和性管柱層析法等等。這裡先簡單介紹一下如何從小牛胸腺萃取「DNA聚合酶α」的方法。

　　如下圖1，首先以絞肉機等機器打碎小牛的胸腺，使用高濃度鹽（氯化鈉）溶液破壞細胞，萃取蛋白質等分子。將萃取液放在燒瓶中，然後倒入玻璃管柱，讓容易滲透其中的「離子交換樹脂」。蛋白質會被大致分為可通過樹脂與不可通過樹脂兩種。通過離子交換樹脂的物質會經由細管進入試管之中，而被離子交換樹脂吸附的物質，則可以藉由倒入更高濃度的溶液，將樹脂上的物質分離，流到試管之中。以DNA聚合酶α來說，可以藉由倒入0.5M（莫耳）的高濃度鹽水來萃取（萃取出之溶液稱為「試料1」）。

①離子交換管柱層析法

其次以圖 2 表示如何從「試料 1」提煉DNA聚合酶α。

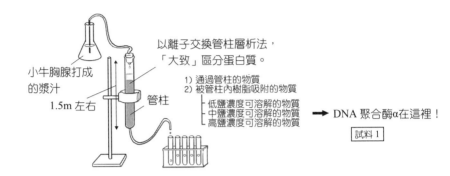

以離子交換管柱層析法，
「大致」區分蛋白質。

小牛胸腺打成
的漿汁

1.5m 左右

管柱

1) 通過管柱的物質
2) 被管柱內樹脂吸附的物質
┌ 低鹽濃度可溶解的物質
├ 中鹽濃度可溶解的物質
└ 高鹽濃度可溶解的物質

➡ DNA 聚合酶α在這裡！

試料 1

②親和性管柱層析法

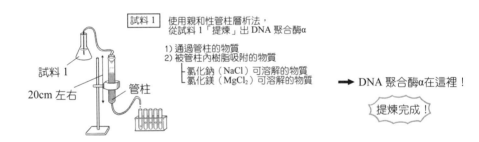

試料 1

使用親和性管柱層析法，
從試料 1「提煉」出 DNA 聚合酶α

1) 通過管柱的物質
2) 被管柱內樹脂吸附的物質
┌ 氯化鈉（NaCl）可溶解的物質
└ 氯化鎂（$MgCl_2$）可溶解的物質

試料 1

20cm 左右

管柱

➡ DNA 聚合酶α在這裡！

提煉完成！

這個方法稱為親和性管柱層析法，在較小的玻璃管柱中裝入樹脂，樹脂混有只能與 DNA 聚合酶α結合的抗體（一種免疫用的蛋白質）。當試料 1 通過樹脂，也會被分為能通過與不能通過的部份。在管柱中倒入 3.2 M 的超高濃度氯化鎂溶液，就可以將吸附於樹脂上的物質（包括DNA聚合酶α）析出。析出的物質幾乎百分之百都是DNA聚合酶α，所以這時候DNA聚合酶α已經被「提煉」完成了。

同時使用離子交換管柱層析法、親和性管柱層析法，就可以高效率提煉出DNA聚合酶α。

（2）電泳法及西方點墨分析

　　這兩種實驗方法，是用來分離特定蛋白質，確認試料中有幾種蛋白質，以及調查目標蛋白質大小的方法。電泳法，是將試料放在寒天狀的薄板（凝膠）上，通上電流，讓蛋白質在寒天中移動的方法。最常用的是根據分子大小來區分的「SDS-聚丙烯醯胺電泳法」。分離之後，以特殊試劑進行反應，來檢測蛋白質。

　　西方點墨分析則是在分離之後，將凝膠中的蛋白質直接轉印到薄膜上的相同位置（下圖右）。在膜上使用只與特定蛋白質起反應的「抗體」，來進行檢測。之後要說明的「凝集素法」，便是應用西方點墨分析的方法。

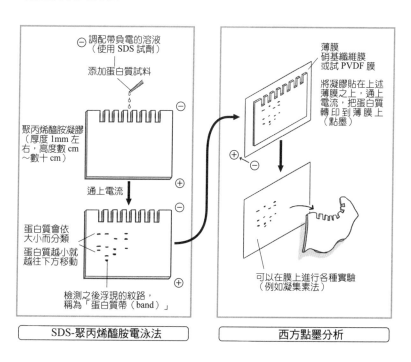

（3）凝集素法

　　凝集素是能夠與某種醣鏈結合的蛋白質總稱。利用不同凝集素能結合的醣鏈種類不同，來求出與蛋白質結合的醣鏈種類。使用西方點墨分析的做法，將蛋白質轉印到薄膜上之後，與各種凝集素進行反應，只要檢測出有反應的凝集素，就知道轉印到薄膜上的蛋白質中有哪些醣鏈。這就是凝集素法。

　　下圖表示能夠辨識「N-乙醯乳糖胺」醣鏈的凝集素（WGA：Wheat Germ Agglutinin）。

　　圖中右側可以發現，對海星卵細胞的粗蛋白質區塊，使用 WGA 進行凝集素法，會產生兩大條發光帶。

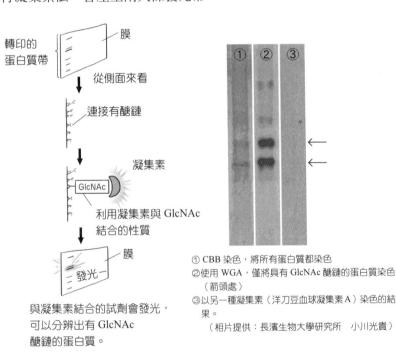

轉印的蛋白質帶　膜

從側面來看

連接有醣鏈

凝集素

GlcNAc

利用凝集素與 GlcNAc 結合的性質

膜

發光

與凝集素結合的試劑會發光，可以分辨出有 GlcNAc 醣鏈的蛋白質。

①CBB 染色，將所有蛋白質都染色
②使用 WGA，僅將具有 GlcNAc 醣鏈的蛋白質染色（箭頭處）
③以另一種凝集素（洋刀豆血球凝集素 A）染色的結果。
　（相片提供：長濱生物大學研究所　小川光貴）

（4）離心分離

　　離心分離跟管柱層析法一樣，可以從許多物質混雜的狀態中，分離出相同性質或相同種類的胞器、蛋白質等等。方法是將溶液放入試管中，以高速旋轉來分離試料。如果是分離蛋白質等小分子，還要進行每分鐘數萬圈以上的「超離心分離」。就連DNA也可以分離。

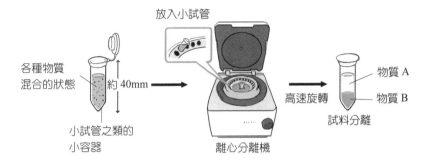

放入小試管

各種物質
混合的狀態　　約40mm　➡　　　　　　　物質 A
　　　　　　　　　　　　　　　高速旋轉　　物質 B
小試管之類的　　　　　　　　　　　　試料分離
小容器　　　　　離心分離機

（5）酵素反應測量

　　不同酵素有不同的活性測量方法。例如使用放射性同位素，測量產物被吸收的量；或是利用酵素改變，受質顏色也會改變的特性來進行測量。方法五花八門。

　　這裡就特別說明如何使用放射性同位素測量DNA聚合酶的活性，以及如何以顯色反應測量α-澱粉酶的活性。

①DNA聚合酶的活性測量法

　　首先在小試管中放入活性測量用溶液（已調整過 pH 等數值）、DNA 聚合酶、模版 DNA、反應原料核苷酸、氯化鎂，然後再加入含有放射性同位素的核苷酸，在 37℃ 的溫度下進行一定時間的反應。

　　於是含有放射性同位素的核苷酸，會被 DNA 聚合酶成為 DNA，而進入 DNA 之中。接著剔除未反應的核苷酸，僅將核成完成的 DNA 裝入放射線同位素測量用的小瓶中（實際上會先用濾紙過濾 DNA），

使用「液體閃式放射計數器」來測量放射性同位素。酵素活性越高，DNA所吸收的放射性同位素就越多，測得的數值也越高。

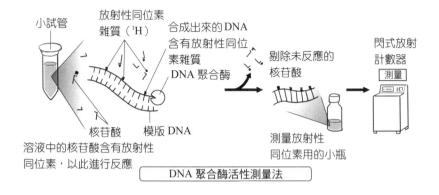

DNA 聚合酶活性測量法

②α-澱粉酶的活性測量法

在試管中加入澱粉溶液和α-澱粉酶溶液（唾液等等），然後立刻加入碘溶液。一開始澱粉幾乎都尚未分解，所以會與碘起反應，變成藍紫色。但是因為澱粉溶液加了α-澱粉酶溶液，所以過一段時間，澱粉會慢慢被α-澱粉酶分解。原本加入碘溶液的藍紫色也會變成紫色→紅色→橘色→淺橘色，慢慢變淡，等澱粉全部被分解，就成為透明無色。使用分光光度計將顏色數值化，就可以測量α-澱粉酶的活性。

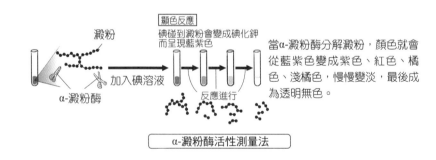

α-澱粉酶活性測量法

239

還有要均衡攝取所有營養！蛋白質、醣類、脂質都非常重要，

既然妳已經明白這一點，就知道絕食減肥有多蠢了！

對吧！久美！

搖搖晃晃

搖搖晃晃

無力…

…唉呀。

…我到底為了什麼…雖然弄懂了很多重要的事情，

可是…

生物化學筆記

可是我不要一輩子又胖又不可愛啊～～！

！久美妳一點也不…

嗚哇啊啊

啊啊啊…

說的也是喔…

久美…

243

247

第 5 章 ● 核酸化學與分子生物學

索引

六至八劃

九至十二劃

十二至十四劃

十六劃以上

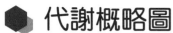

代謝概略圖

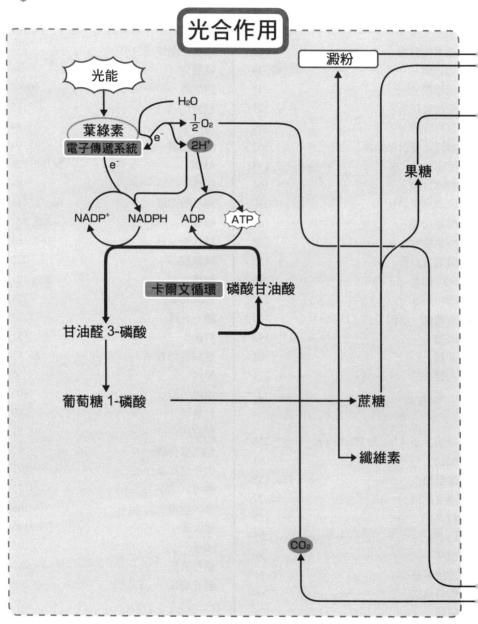

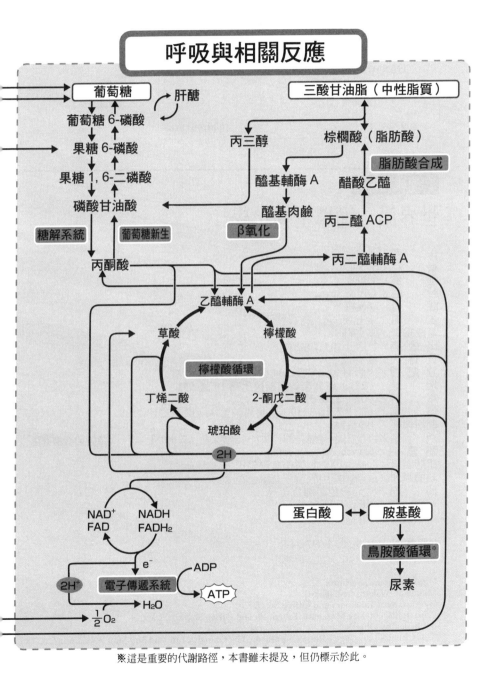

呼吸與相關反應

※這是重要的代謝路徑，本書雖未提及，但仍標示於此。

國家圖書館出版品預行編目資料

世界第一簡單生物化學マンガでわかる生化学
武村政春著　李漢庭譯. -- 初版.
-- 新北市：世茂, 2011.10
　　面；　公分. --（科學視界 ； 113）

ISBN 978-986-6097-34-8（平裝）

1. 生物化學

399　　　　　　　　　　　　　　　100019911

科學視界 113

世界第一簡單生物化學

作　　　者／武村政春
審　　　訂／李文山
漫　　　畫／菊野郎
製　　　圖／Office Sawa
譯　　　者／李漢庭
主　　　編／簡玉芬
責任編輯／陳文君
出　版　者／世茂出版有限公司
負　責　人／簡泰雄
登　記　證／局版臺省業字第 564 號
地　　　址／（231）新北市新店區民生路 19 號 5 樓
電　　　話／（02）2218-3277
傳　　　真／（02）2218-3239（訂書專線）、（02）2218-7539
劃撥帳號／19911841
戶　　　名／世茂出版有限公司　單次郵購總金額未滿 500 元（含），請加 50 元掛號費
酷　書　網／www.coolbooks.com.tw
排版製版／辰皓國際出版製作有限公司
封面製作／辰皓國際出版製作有限公司
印　　　刷／世 和彩色印刷公司
初版一刷／2011 年 11 月
　　三刷／2017 年 1 月

ＩＳＢＮ／978-986-6097-34-8
定　　價／300 元

Original Japanese edition
Manga de Wakaru Seikagaku
By Masaharu Takemura and Office Sawa
Copyright©2009 by Masaharu Takemura and Office Sawa
published by Ohmsha, Ltd.
This Chinese Language edition co-published by Ohmsha, Ltd. and Shy Mau Publishing Co., Ltd
Copyright©2011
All rights reserved.